Ein Buch aus der Reihe

Management konkret

Alexander Wick / Bernd Blessin

Führung im Wandel

Neue Kooperationsstrukturen fördern und gestalten

UVK Verlagsgesellschaft mbH
Konstanz und München

Dr. Alexander Wick ist Professor für BWL, insb. Personalwirtschaft an der Internationalen Berufsakademie Darmstadt. Seine Forschungsschwerpunkte sind Personalauswahl, Mitarbeiterbindung, virtuelle Kooperation sowie Kompetenzdiagnostik und -entwicklung.

Dr. Bernd Blessin ist als Leiter Personal und Organisation bei den VPV Versicherungen tätig. Darüber hinaus ist er Dozent an der Europäischen Wirtschaftsakademie Madrid (EWA), welche zur Dualen Hochschule Baden-Württemberg (DHBW) gehört.

Bibliografische Information der Deutschen Bibliothek
Die Deutsche Bibliothek verzeichnet diese Publikation in der Deutschen Nationalbibliografie; detaillierte bibliografische Daten sind im Internet über <http://dnb.ddb.de> abrufbar.

ISBN 978-3-86764-570-6

Einbandgestaltung: Susanne Fuellhaas, Konstanz
Einbandmotiv: casarsa, iStockphoto.com

UVK Verlagsgesellschaft mbH
Schützenstraße 24 · 78462 Konstanz
Tel. 07531-9053-0 · Fax 07531-9053-98
www.uvk.de

Inhaltsverzeichnis

Verzeichnis der Fallbeispiele

Einführung

Personalführung findet „von vorne“ statt, in unmittelbarer Interaktion und im operativen Alltag. Entwicklungen und Veränderungen von Menschen, Organisationen und Umwelten führen zu Reaktionen und Anpassungen von Führung. Und Führung selbst kann Entwicklungen und Veränderungen initiieren. Dieses Buch beleuchtet Führungsaufgaben aus drei sich stark überschneidenden Führungssettings, die nichtsdestotrotz drei Forschungs- und Praxisperspektiven darstellen. Sie beziehen sich auf Veränderungen von und durch Führung dadurch, dass die Art und Weise, wie in Unternehmen Leistungen erbracht werden, sich systematisch verändert. Zuerst wird die Führung in und von Team- oder Projektstrukturen, die immer mehr Raum in der betrieblichen Arbeit einnehmen, betrachtet: zunächst hochqualifizierter Expertenteams (Abschnitt 1), dann in virtuellen Teams (Abschnitt 2). Danach geht der Blick auf Führung in organisationalen Veränderungsprozessen (Abschnitt 3); dem Bestreben in Organisationen mit an sie herangetragenen oder aus ihm entstehenden veränderten oder neuen Anforderungen konstruktiv umzugehen (z.B. durch Arbeit in [Projekt-] Teams und virtuellen Teams).

1 Führung von hochqualifizierten (Projekt-) Teams

Unternehmen sehen sich vermehrt Aufgaben- und Problemstellungen gegenüber, die durch traditionelle, abteilungsbezogene Aufbauorganisation nicht (mehr) effizient erledigt werden können. Hohe Komplexität und Dringlichkeit solcher Aufgaben erfordern zu ihrer Bewältigung verstärkt funktionsübergreifend agierende Einheiten, die hohe Expertise mit hoher Effizienz verbinden. Weder die traditionelle Koaktion noch die hergebrachte Delegation an Individuen erbringt die Differenziertheit der Abstimmung von Aktivität und Poolung von Kompetenzen, die notwendig wären, um solche Aufgaben zu erfüllen (vgl. *Wegge*, 2004; *Mathieu, Maynard, Rapp & Gilson,* 2008; *Bea, Scheurer & Hesselmann*, 2011; *West*, 2012). Antworten auf diese Anforderungen sind Kooperationsformen, die auf den Punkt hohe spezifische, zumeist interdisziplinäre Expertise und Kompetenzen zusammenbringen, in kooperativer Weise die Aufgabe schneller und effizienter bearbeiten und dabei stets offen für Umweltänderungen (wie der Kundenanforderungen und Rahmenbedingungen) bleiben. Sie werden verstärkt in Projektorganisation und Teamarbeit gesehen und praktiziert.

Wer in solchen Einheiten führt und wer geführt wird, ist dabei nicht nur durch weitgehenden Verzicht auf Hierarchie weniger eindeutig, sondern die Rollen verändern sich und können auch wechseln. Dieselben Personen in derselben Gruppe können einmal führen und einmal geführt werden, ggfs. auch einmal beides gleichzeitig.

Im Folgenden soll es weniger um Führung von oder in Gruppen im Allgemeinen gehen – siehe dazu die einschlägige Literatur (z.B. *Kleinbeck*, 2006; *Kogler Hill*, 2010; *Yukl*, 2010; *West*, 2012) – sondern um die aktuell stark im Fokus stehenden Formen des *funktionsübergreifenden Projekts* und des *hochqualifizierten Teams* (vgl. z.B. *Wastian, Braumandl & von Rosenstiel*, 2012; *Wegge & Schmidt*, 2012). In beiden Kooperationsformen werden

- komplexe und
- relativ neuartige Aufgaben

- mit oft unklaren Teilzielen und Leistungskriterien bearbeitet,
- die interdisziplinäre Anforderungen an ihre Erledigung stellen, wodurch
- eher überdurchschnittlich heterogene Teamzusammensetzung,
- hohe Expertise aus unterschiedlichen Domänen, wobei
- oft mehr Expertise bei den Mitgliedern als der Führungsperson liegt,

besteht. Bei Projekten besteht zusätzlich eine klare zeitliche Beschränktheit der Existenz der Einheit, wobei auch hochqualifizierte Teams nicht ständig und in derselben personellen Zusammenstellung zu bestehen brauchen und falls sie ständig zusammenarbeiten, bearbeiten sie oft zumindest teilweise Projekte.

Durch die verschiedenen, definierten Phasen in Projekten (Initialisierung – Definition – Planung – Steuerung – Abschluss) ergeben sich auch unterschiedliche Führungsanforderungen, teilweise unterscheiden sich diese Schwerpunkte von denen in ständigen Abteilungen (vgl. *Wastian, Braumandl & Weisweiler*, 2012, S. 81 ff.), z.B. das als außerordentlich wichtig angesehene Kick-Off-Meeting, das so in ständigen Abteilungen eher unüblich ist, ebenso aktive Teamentwicklung als Aufgabe guter Führung.

Ebenfalls hier nicht gemeint ist die Lesart des *Hochleistungsteams* für Aufgaben in Extremsituationen (z.B. Feuerwehr, Katastrophenschutz, Lebensrettungsteams), die unter extremen zeitlichen und ggfs. situativen Bedingungen genau abgrenzbaren Einsatzsituationen hochspezialisierte, anspruchsvolle Aufgaben erfüllen müssen, die dadurch gekennzeichnet sind, dass bereits ein einziger Fehler bzw. ein einziges Missgeschick die Zielerreichung komplett vereiteln kann (vgl. *Pawlowsky*, 2008; *Weibler*, 2012, S. 91). Hierbei könnte von *Führung in Extremsituationen* gesprochen werden (*Hannah, Uhl-Bien, Avolio & Cavarretta*, 2009). Ferner wird hier nicht auf die technische Steuerung von Leitungserbringungsprozessen fokussiert, sondern die Personalführungsfunktion der oder in den (Projekt-)Teams, aber auch die Perspektive, dass nicht nur die vertikale Führung, sondern gerade in diesen Kooperationsformen Selbst-, laterale und verteilte Führung eine hervorgehobene Rolle spielen.

Teams

Teams zeichnen sich dadurch aus, dass sie erst durch eine Integration der Kompetenzen der Personen erfolgreich sein können (z.B. *Thomas*, 1992, S. 117 f.; *Forsyth*, 2009; *Nerdinger*, 2011). Die Relation der Mitglieder untereinander ist nicht durch Koaktion oder (nur) Interaktion gekennzeichnet, sondern durch echte Kooperation bei vorhandenem Handlungs- und Entscheidungsspielraum, wodurch das Team (ein Gutteil) der Verantwortung für sein Handeln hat. *Högl & Gemünden* (1999) sehen Teamarbeit als Maß (der Qualität) der Zusammenarbeit in einer organisatorischen Gruppe von MitarbeiterInnen, die auf sechs Konstrukten aufbaut:

- Kommunikation und Information: Wie häufig, informell, direkt und offen wird kommuniziert?
- Aufgabenkoordination: Wie eng werden die Aufgabenbeiträge im Team abgestimmt?
- Ausgewogenheit der Mitgliederbeiträge: Können alle Mitglieder sich ihren Potenzialen entsprechend einbringen?
- Gegenseitige Unterstützung: Wie weit helfen und ergänzen sich die Mitglieder?
- Arbeitsnormen (Engagement): In welchem Maße setzen sich die Mitglieder für die gemeinsame Aufgabe ein?
- Kohäsion: Welches Ausmaß an Zusammenhalt herrscht im Team?

Auf der Suche nach Optimierung von Teamergebnissen geht es um Aufgabengestaltung, Kooperation und Führung (vgl. z.B. *McGrath*, 1962; *Hackman & Walton*, 1986; *Fleishman, Zaccaro & Mumford*, 1991). Der Bezug des Führungshandelns liegt folglich auf den Aufgaben des Teams, der Relationen der Teammitglieder und der Interaktion des Teams mit seinem Umfeld. Wichtig ist, die Koordination und Kooperation im Team zu unterstützen und abzusichern, aber dafür auch klare Rahmen zu setzen und Verpflichtungen einzuholen.

Kleinbeck (2006, S. 656) fasst die Anforderungen an ein (optimal) erfolgreiches Gruppenmanagement folgendermaßen zusammen (Kursive im Original):

„a) Die *Gruppenaufgabe* muss so gestaltet werden, dass sie über hohe Motivierungspotenziale verfügt und die Gruppenmitglieder weder über- noch unterfordert.

b) Der *Arbeitsprozess* muss so gestaltet und durch begleitende Maßnahmen unterstützt werden, dass die Mitarbeiter die Ziele des Unternehmens erkennen können, um dann ihre Gruppenziele darauf abstimmen zu können.

c) Für die Arbeitsgruppen müssen geeignete, fachlich qualifizierte Mitglieder *ausgewählt* werden, die bei Bedarf auch *aus-* bzw. *weitergebildet* werden und die den sozialen Gegebenheiten gerecht werden können.

d) Die Führungskräfte müssen auf die veränderten Anforderungen an *Führung* … vorbereitet werden und sich entsprechenden Trainings unterziehen.

e) Der *Organisationskontext* des Unternehmens, in dem die Gruppen ihre Arbeit verrichten, muss so gestaltet werden, dass er die Effektivität der Arbeitsgruppen fördert.“

Eine Metaanalyse von *Burke, Stagl, Klein, Goodwin, Salas & Halpin* (2006) mit Daten aus 50 empirischen Untersuchungen verweist darauf, welche Führungsverhalten/-stile den Teamerfolg unterstützen (vgl. Tab. 1). Hierbei ist zu beachten, dass Situationsparameter (z.B. Art der Aufgabe) und hierarchische Ausgestaltung der Führungsrolle nicht berücksichtigt wurden:

Führungsverhalten	Leistungsqualität (perceived effectiveness)	Ergebnisquantität (productivity)
transaktionale	.256	-
transformationale	.336	.252
Aufgabenorientierung (initiating structure)	.312	.203
Mitarbeiterorientierung (consideration)	.252	.222

Übertragung von Verantwortung (empowerment)	.465	.315
Außenbeziehungen bearbeiten (boundary spanning)	.488	-
interaktive Motivationstechniken	-	.293

Anmerkungen: N zwischen 185 und 1.291 Teams, angegebene Koeffizienten stellen die durchschnittlichen Korrelationen dar. Alle Korrelationen sind signifikant. Für einige Zellen (-) lagen keine ausreichenden Fallzahlen vor.

Tab. 1: Führungsverhalten und Teamerfolg – Metaanalyse von *Burke et al.* (2006).

Die angestrebte Effektivität des Teams liegt in dessen Leistung, aber auch der Zufriedenheit und Weiterentwicklung der Teammitglieder und des sozialen Kollektivs insgesamt, um die Leistung auch für zukünftige Aufgaben zu ermöglichen (z.B. *Kogler Hill*, 2010; vgl. auch *Yukl*, 2010, S. 368). Hinsichtlich der Quellen zur Effektivität von Teams allgemein vgl. z.B. *Cohen & Bailey*, (1997), *Kozlowski & Ilgen* (2006), *Antoni & Hertel* (2009), *Jöns* (2008), *Mathieu et al.* (2008), *Morgeson, DeRue & Karam* (2010).

Ein oben bereits genannter Aspekt, der zentral zur Effektivität und Effizienz von Teams beiträgt und nicht aus dem Blick geraten sollte, ist die Art und Gestaltung der zu bearbeitenden Aufgabe (*McGrath*, 1984; *Hackman*, 1987; *Tannenbaum, Salas & Cannon-Bowers*, 1996). So kann eine höhere Effektivität von Teams im Vergleich zu anderen Arbeitseinheiten ohnehin nur dann erwartet werden, wenn die Aufgabe und ihre Gestaltung für Teamarbeit geeignet ist. Mittlerweile verläuft die Argumentation zur Einrichtung von Teams häufig genau in die andere Richtung: Viele Aufgaben sind so beschaffen, dass sie durch traditionelle Abteilungsarbeit, Koaktion und Delegation in funktionalen Einheiten gar nicht mehr wirksam zu bearbeiten sind. Sollte eine für Teams prinzipiell geeignete Aufgabe vorliegen, sind dabei aber die Rahmenbedingungen für das

Team nicht optimal, ist es auch Führungsaufgabe, die entsprechenden Rahmenbedingungen und sonstigen Voraussetzungen herzustellen und abzusichern.

Projektteams

Unter einem *Projekt* lässt sich z.B. mit *Kuster, Huber, Lippmann, Schmid, Schneider, Witschi, & Wüst* (2011, S. 5) verstehen: „Wenn ein einmaliges, bereichsübergreifendes Vorhaben zeitlich begrenzt, zielgerichtet, interdisziplinär und so wichtig, kritisch und dringend ist, dass es nicht einfach in der bestehenden Linienorganisation bearbeitet werden kann, sondern besondere organisatorische Vorkehrungen getroffen werden müssen, dann handelt es sich um ein Projekt." Darin ist wohl die Beschreibung eines Prototyps von Projekt zu sehen, denn natürlich gibt es viele Standardprojekte, deren Neuartigkeit und Komplexität als eher gering anzusehen sind, und die (trotzdem) von einer Projektgruppe bearbeitet werden, deren Mitglieder sonst nicht oder nicht in dieser Form zusammenarbeiten. Häufig geht es dabei um wichtige oder große Kundenaufträge, die wegen ihres Umfangs oder ihrer Dringlichkeit die Kapazitäten der üblichen Aufbauorganisation herausfordern, nicht aber wegen Komplexität und Neuartigkeit.

Das *Deutsche Institut für Normung* (2009) definiert das Projekt in seiner DIN 69901 allgemeiner und bescheidener als: „Vorhaben, das im Wesentlichen durch die Einmaligkeit der Bedingungen in ihrer Gesamtheit gekennzeichnet ist, wie z.B. Zielvorgabe, zeitliche, finanzielle, personelle und andere Begrenzungen; Abgrenzung gegenüber anderen Vorhaben; projektspezifische Organisation". Hier entfallen also zumindest die Kriterien der Aufgabenkomplexität und der Interdisziplinarität der Zusammensetzung der Gruppe als Definitionsmerkmale. Ferner ist die „Einmaligkeit der Bedingungen" ein sehr allgemein gefasstes Kriterium, sodass z.B. der Bau eines Einfamilienhauses aufgrund der topographischen Gegebenheiten, der Auswahl regionaler Bauunternehmen und dem Umgang mit lokalen Behörden bereits diese Einmaligkeit ausmachen kann, ohne in irgendeiner Weise die Komplexität und Neuartigkeit des Auftrags gegenüber irgendwelchen anderen Aufträgen zum Bau eines Einfamilienhauses zu erhöhen.

Viele Abhandlungen und Untersuchungen sowie eine umfassende Ratgeberliteratur weisen auf Besonderheiten bzw. eine anzunehmende Andersartigkeit von Führungsanforderungen in Projekten hin. Von daher stellt sich die Frage ob – und falls ja, inwiefern – Führung von oder in Teams oder Projekten sich unterscheidet von anderen Settings und ob zum Erfolg andere Merkmale, Verhaltensweisen, Kompetenzen oder sonstige Leistungen der Führungsperson notwendig oder zumindest hilfreich sind.

So schreiben *Kuster et al.* (2011) in ihrem Handbuch zum Projektmanagement „Projekte führen und leiten umfasst sowohl das Leiten und Führen einer Sache als auch von Mitarbeitern. Der Projektleiter in der Rolle des ‚Managers' führt das Projekt im betriebswirtschaftlichen Sinne. Er hat das Projektziel zu verfolgen, den optimalen Einsatz der Ressourcen, sowie die zur Verfügung gestellte Zeit und die finanziellen Mittel zu überwachen.

Zusätzlich nimmt der Projektleiter auch die Rolle der operativen Leitung sowie die Führung seiner Projektmitarbeiter wahr. Viele Funktionen und Rollen sind in der normalen Linienführung und in der Projektführung gleich. Für den Projektleiter resultieren daraus aber ein paar wesentliche Unterschiede:

- Er übernimmt die Führungsaufgabe nur ‚auf Zeit'.
- Meist führt er in der Matrix-Organisationsform mit mehreren etablierten Linienstellen.
- Er hat keine oder wenig formale Macht (Weisungsrecht).
- Er hat keine oder nur unpräzis definierte Ressourcenkompetenz.
- Die formale hierarchische Eingliederung der Projektorganisation hat temporären Charakter" (S. 212).

„Der gegenseitige Abstimmungs-, Informations- und Koordinationsaufwand ist in Projektteams groß. Trotz optimaler Organisation und dem Einsatz von Hilfsmitteln darf dieser Aufwand nicht unterschätzt werden. Sitzungen von Projektteams sind in der Regel sehr kosten- und zeitintensiv. … Wird aber ein Projektteam dem Zweck entsprechend für die

Lösung komplexer Problemstellungen eingesetzt, wird das Kosten/Nutzen-Verhältnis sofort positiver ausfallen“ (S. 243). Vgl. dazu auch Fallbeispiel 3.

Trotz dieses Bewusstseins, das häufig zum Ausdruck gebracht wird, lässt sich kein spezifischer Führungsansatz zur Projektarbeit oder Ansatz zur Führung in Projekten ausmachen (vgl. *Wastian, Braumandl & Weisweiler*, 2012). Viele Grundlagenwerke zum Projektmanagement (z.B. *Corsten, Corsten & Gössinger*, 2008; *Bea et al.*, 2011) befassen sich trotz begrifflicher Nähe kaum bzw. gar nicht mit Personalführung in Projektteams, wenn man darunter mehr als technische Steuerung versteht. Ein erfreuliches Gegenbeispiel sind *Olfert* (2012) und ein paar Sammelbände, die sich des Themas annahmen (z.B. in *Schuler*, 2006b; *Wastian, Braumandl & von Rosenstiel*, 2012). Zumeist werden dabei vor allem Unterschiede der Führungsanforderungen in Projekten gegenüber Führung in Abteilungen aufgelistet und (häufig) auf die empirische Befundlage gestützt Hinweise formuliert, wie damit umzugehen ist, um Projektarbeit effektiv zu gestalten. Werke zu Forschungsergebnissen bezüglich Erfolgsfaktoren und deren Ausgestaltung in Projektgruppenarbeit sind z.B. *Fisch, Beck & Englich* (2001), *Zeutschel & Stumpf* (2003) und *Wastian, Braumandl & von Rosenstiel* (2012).

Projektteams zur Bearbeitung anspruchsvoller Aufgaben (im Sinne der prototypischen Definitionen oben) sind häufig für die Dauer des Projekts zusammengestellte Teams, die zumindest im Kern aus Hochqualifizierten bestehen, die aus unterschiedlichen fachlichen Domänen kommen, damit sie der Komplexität und dem interdisziplinären Charakter ihrer gemeinsamen Aufgabe gerecht werden können, also i.d.R. aus akademisch gebildeten Wissensarbeitern, die reflexiven Umgang mit hoher Aufgabenkomplexität pflegen. Andererseits können Einheiten, die in dieser Art und Weise zusammengesetzt sind, auch dauerhaft ein Team bilden und zusammenarbeiten, ohne auf ein bestimmtes Projekt festgelegt zu sein. Diese Arbeitseinheiten sind es, die hier als *hochqualifizierte Teams* bezeichnet werden. Der Begriff des Teams soll dabei als eine spezifische Selbstorganisationsform von Arbeitseinheiten verstanden werden, die sich von anderen Einheiten dadurch unterscheidet, dass die Mitglieder auf der Basis fachlicher Expertise mit hohem Maß interner Selbstorganisation zur Erfüllung anspruchsvoller Aufgaben kooperieren. Unter Kooperation ist hier gemeint, dass die Aufgabe nicht durch Koaktion oder rein organisatorische Verknüpfung der Kompetenzen der Mitglieder, sondern erst durch die Integration der Kompetenzen in einem Raum vorhandener und wahrnehmbarer Handlungsalternativen die Aufgabe gelöst werden kann (vgl. hierzu auch das nachfolgende Fallbeispiel 1).

Fallbeispiel 1: *Führen in Hochleistungsteams*

In der Consultingbranche fordern die Kunden jederzeit abrufbare und nachhaltige Höchstleistung von Seiten der Berater. Das stellt besondere Anforderungen an die Führung dieser Teams. Die Kunden erwarten überdies, dass der richtige und passende Berater jederzeit verfügbar und hoch motiviert beste Performance bringt. Das stellt hohe Anforderungen an die Zusammensetzung der Beraterteams. Die jeweilige Führungskraft und ihre MitarbeiterInnen mit ihren individuellen Stärken bilden – so ihre Argumentation – eine spezielle Beziehungsqualität. Je besser es Führungskräften, aber auch den anderen Teammitgliedern gelingt, in der Zusammenarbeit die eigenen Stärken einzusetzen sowie sich auf die der anderen einzustellen, umso besser ist nicht nur das soziale Miteinander im Team, sondern auch die Leistung für die Kunden.

Zur Online-Fallstudie:
http://www.uvk-lucius.de/fuehren/fb/13.pdf

Insofern handelt es sich um keine quantitative, sondern qualitative Arbeitsteilung, bei der z.B. nicht wie in vielen teilautonomen Fertigungsteams oder Dienstleistungsteams zur Kundenbetreuung jeder „auch die Aufgaben des anderen" übernehmen kann. Es handelt sich um eine spezifische Form der Bearbeitung einer Aufgabe durch Integration schwer übertragbarer Kompetenzen.

1.1 Führung und Kooperation in hochqualifizierten (Projekt-)Teams

Nachdem der Gegenstandsbereich des Kapitels nun festgelegt ist, richtet sich der Blick auf die Rolle sowohl der Führenden als auch der Geführten in diesen hochqualifizierten (Projekt-)Teams. Dabei zeigt sich in der Literatur schnell, dass hier die Rollenzuschreibungen verschwommen sind, wie sonst nur selten in der Führungsforschung. Ein erster Blick auf Grundideen von Teams zeigt, dass dazu eine weitgehende Hierarchiefreiheit in der operativen Aufgabenverrichtung gezählt wird: Die Teammitglieder sollen sich auf ihre Aufgabe und die Zusammenarbeit mit den anderen konzentrieren und nicht auf Gefälligkeiten und Vorrechte im Rahmen von Statusbeziehungen. Projekt- und TeamleiterInnen sind oft auch weniger hierarchisch abgesetzt durch disziplinarische Gewalt, fachliche Überlegenheit oder operativ andere Aufgaben. Häufig sind sie überdies selbst auch „Sachbearbeiter“ innerhalb des Projekts, ist also ihre eigenen Mitarbeiter Innen. *Kleinbeck* (2006, S. 661) meint im Hinblick auf die Führung von Arbeitsgruppen, dass „man als Vorgesetzter nur dann erfolgreich sein kann, wenn man bereit ist, die Verantwortung für die Organisation der Gruppe zu einem großen Teil an ihre Mitglieder abzutreten“. Mehr noch, die Projekt- oder TeamleiterInnen brauchen gar keine wirklichen Vorgesetzten zu sein – in Projekten ist er/sie das häufig disziplinarisch ohnehin nicht. Sie sind häufig eher der „Ansprechpartner“ für auftraggebende Instanzen, die gar keine Vorgesetztenfunktion vergeben. Die Teamleitung hat nicht mehr immer und überall die Konnotation, Führungskraft zu sein.

Scholl (2005) unterscheidet kategorisch, dass Führung in Projektgruppen entweder institutionalisiert oder informell stattfindet:

- falls institutionalisiert, gibt es einen Projektmanager, der die Teilhabe der Mitglieder über ein zugelassenes, zugewiesenes oder vereinbartes Ausmaß an Partizipation beeinflusst und Macht mittels einer Restriktion der Partizipation der MitarbeiterInnen ausüben kann. Dabei gilt auch in solchen Settings Partizipation insgesamt als vorteilhaft für Arbeitszufriedenheit und Produktivität im Team (*Miller & Monge*, 1986)

- informell, also im Fall, dass es keinen offiziellen Projektmanager gibt, bilden sich ein oder gar mehrere informelle Führer heraus. Diese Rolle nehmen oft Mitglieder mit anerkanntermaßen höherem Kompetenzniveau und/oder Engagement ein (dazu bereits *Hemphill*, 1961).

Es gibt damit den prinzipiellen Unterschied, ob ein Team eine Führungskraft (zugewiesen) hat, die sich ebenfalls mit der operativen Aufgabenerfüllung befasst oder nicht. Teilautonome Arbeitsgruppen haben so etwas eher nicht, sie haben oft einen Ansprechpartner oder eine (häufig rotierende) Sprecherfunktion für die hierarchische Schnittstelle. Traditionelle Projektteams werden üblicherweise durch einen zugewiesenen Projektleiter geführt, der individuell für die Leistung des Teams verantwortlich gemacht werden kann.

Der Frage, wer und in welchem Maße in Teams führt und was das für die Anderen im Team bedeutet, lässt sich auch aus anderer Perspektive betrachten: Der Vorteil partizipativer Entscheidungsfindung stellt sich insbesondere als verbesserte Leistung ein, wenn für hochwertige Entscheidungen das notwendige Fachwissen in der Gruppe verteilt ist (*Wegge* 2004; *Wegge et al.*, 2010). Naheliegender Weise ist es dann auch von Vorteil, wenn die Umsetzung der Aufgabe nach der Entscheidung durch die Gruppe stattfindet. Die Vorteile von Teams entstehen aus Prozessperspektive durch die Kooperation der Teammitglieder, die Selbstorganisation des Teams als Kollektiv bei Poolung und Integration der Kompetenzen der Teammitglieder (vgl. z.B. *Nerdinger*, 2011).

Doch bei aller Teamarbeit ist gerade bei Hochqualifizierten nicht zu unterschätzen, dass häufig (auch) die Vorstellung von Autonomie bei der Aufgabenbearbeitung besteht und deren Wahrnehmung nachweislich mit Motivation, Zufriedenheit und Leistung der betreffenden Personen zusammenhängt. Ob und inwiefern diese Autonomievorstellung mit der Anforderung der Teamkooperation vereinbar ist, erweist sich für die Besetzung von Teams und die Teamentwicklung wie -führung als erheblich (*Haberstroh & Wolf*, 2005; vgl. bereits *Franke*, 1980, S. 126 ff. zur Aufgabe der gleichzeitigen Integration und Differenzierung der Mitglieder in Arbeitsgruppen). Die eigenen Aufgaben autonom, also mit Handlungs- und Entscheidungsspielraum (vgl. z.B. *Hackman & Oldham*, 1976; *Ulich*, 2011) hinsichtlich Arbeitsmethode, zeitlicher Planung und Ergebnisqualität (*Breaugh*, 1985) zu bearbeiten, aber für die anderen verlässlich und hinsichtlich Kommunikation und Arbeitsteilung kooperativ zu sein: Das zu erkennen, trennen und kombinieren zu können ist eine wesentliche Kompetenz von Teammitgliedern (vgl. dazu auch das nachfolgende Fallbeispiel 2).

Fallbeispiel 2: Astronautentraining NASA/ESA

Teamarbeit und Führung sind z.B. bei Astronauten von einer besonderen Bedeutung. So führt Walter – Professor für Raumfahrttechnik und D2-Astronaut – u.a. aus, dass eine in dieser Hinsicht spezifische Auswahl stattfindet. „Bei dieser wurde großer Wert darauf gelegt, dass ein Astronaut teamfähig ist, aber auch Leadership zeigen kann. Und zwar beides in ausgewogenem Maße. D.h., in Situationen in denen man sich auskennt, muss man die Führung übernehmen können. In den Situationen, in denen man erkennt, dass es der Kollege weit besser kann, muss man sich zurückziehen und im Team arbeiten können. … Es ist genau der Wechsel zwischen Teamfähigkeit und Leadership. Sie müssen die Fähigkeit haben, sich zurücknehmen zu können. Auf einer Raumstation ist man eben nicht mehr alleine, sondern in einem Team, das alle Experimente und Aufgaben erfolgreich bewältigen muss. Zugleich müssen Astronauten auch Leadership zeigen. … bei der NASA [gibt es] innerhalb eines Astronauten-Teams klare Hierarchien, also etwa den Missionsspezialisten und den Nutzlastspezialisten. Wir hatten beispielsweise die Situation, dass der Lüfter im Lebenserhaltungssystem kaputt gegangen ist. Es war die Aufgabe des Missionsspezialisten, dies zu reparieren. Dies war jedoch nicht gerade seine Stärke – er war mehr Denker als Macher. Irgendwann hielt ich es nicht mehr aus, machte mich selbst an die Arbeit und erledigte das Problem in wenigen Handgriffen. Dafür bin ich anschließend gerügt worden. Ich habe Hierarchien missachtet und ihm undiplomatisch aufgezeigt, dass er diese Aufgabe nicht erledigen konnte. Dadurch habe ich ihn herabgesetzt. ... Das ist eine Gratwanderung, die Astronauten beherrschen müssen."

Zur Online-Fallstudie:
http://www.uvk-lucius.de/fuehren/fb/14.pdf

Teammitglieder darin zu unterstützen, ist Aufgabe von Führung, die sich damit in einer bemerkenswert feinsinnigen Unterscheidung von Situationswahrnehmung und -gestaltung agieren muss. *Riener & Wiederhold* (2012) stellten z.B. unter Laborbedingungen fest, dass MitarbeiterInnen, die bereits Vorerfahrungen mit ihrer Führungskraft (Projektleiter) hatten, ein höheres Leistungsniveau aufweisen als solche, die keine solchen Vorerfahrungen hatten – sobald jedoch die Kontrolle durch die Führungskraft das aus den Vorerfahrungen bekannte Maß merklich überstieg, senkten diese MitarbeiterInnen ihre Leistung substanziell ab.

1.2 Formen der Führung hochqualifizierter (Projekt-)Teams

Flachere Gestaltung von Unternehmenshierarchien und die Einführung teamorientierter Strukturen führt zur Betrachtung weniger hierarchisch angelegter Führungskonzepte. Schlagworte sind *delegative Führung*, *Teamführung*, *verteilte Führung*, *laterale Führung* und weitere, die allesamt darauf abzielen, das volle Leistungs- und Problemlösepotenzial der MitarbeiterInnen zu realisieren, indem sie teils die Möglichkeit, teils die Aufgabe haben, die kooperativ zu lösende Aufgabe so zu bearbeiten, dass sie ihre Kompetenzen möglichst optimal einsetzen können.

Teams aus Hochqualifizierten zur Bearbeitung komplexer Aufgabenstellungen – sei es in Projekt- oder ständigen Teams – zu führen, bringt neue Herausforderungen an Führung und Führungskräfte mit sich, die sich z.T. auch in der Auflösung der hergebrachten direktiven und delegativen Führungstechniken zugunsten von Führung, die eher im Team selbst liegt, manifestiert. Da Projektleiter und die „Ansprechpartner" oder „Sprecher" in Teams oft keine disziplinarischen Vorgesetzten sind, können sie das Verhalten der Projekt- oder Teammitarbeiter kaum auf traditionell-hierarchischem Weg beeinflussen, während die MitarbeiterInnen sich häufig auf ihre parallel fortbestehende hierarchische Einordnung an anderer Stelle berufen können. Sie müssen andere als die hierarchischen Möglichkeiten finden, das Team zur Zusammenarbeit, Anstrengung und Bindung an die Aufgabe und ihre Ziele zu bringen (*Wastian, Braumandl & Weisweiler*, 2012, S. 79). Hohe Aufgabenkomplexität unter Zeitdruck bringt diverse Gefahren mit sich: neben der Überforderung mit der Aufgabe an sich führt hohe Komplexität auch dazu, dass die Wirkung von Zielvereinbarungen sich abschwächt (*Wood, Mento & Locke*, 1987) und Zeitdruck lässt auch an sich kompetente MitarbeiterInnen und Teams Zuflucht zu Bearbeitungsstrategien nehmen, die die Komplexität unangemessen reduzieren, um sie handhabbar zu machen. Eine hohe Autonomie des Leiters für das Projekt und innerhalb der Organisation und starke Unterstützung des Projekts durch übergeordnete Stellen sind hier sehr günstig. Allerdings wird dies durch die häufig fehlende disziplinarische Stellung gerade nicht demonstriert.

Eine Lösung der Schwierigkeit wird oft in verstärkter Partizipation gesehen. Partizipation bei der Zielfestlegung hat bspw. einen starken Einfluss auf die Zielbindung der MitarbeiterInnen (*Klein, Wesson, Hollenbeck & Alge*, 1999). Aber auch der Erfolg partizipativer Führung ist an Vorbedingungen geknüpft, wie z.B. gegenseitiges Vertrauen, hohe soziale Kompetenzen der Beteiligten, vorhandene Expertise, Konflikthandhabungstechniken und den Wunsch nach Partizipation (*Wegge*, 2004).

Gerade für ausgesprochene Experten kann es motivierend sein, einerseits autonom zu arbeiten, ihre Kompetenzen weiterzuentwickeln, anspruchsvolle Aufgaben zu meistern und andererseits positive Leistungsrückmeldung zu erhalten, auch wenn andere Personen die eigene Expertise schon gar nicht mehr im Detail einschätzen können. Nach *Kehr* (2001) motiviert es besonders, wenn die Organisationsziele bzw. die Erfordernisse der Teamaufgabe und die persönlichen Ziele der Teammitglieder zusammenfallen. Dies lässt sich bei hoher Qualifikation und Expertise möglicherweise vor allem in Kooperation mit anderen hoch qualifizierten Personen bei der Bearbeitung hoch anspruchsvoller Aufgaben erreichen – evtl. so anspruchsvoll, dass übliche Führungstechniken sie gar nicht mehr effektiv koordinieren können. Im Laufe der nicht allzu langen Zeit, in der sich Praxis und Forschung mit Führung in Teams auseinandersetzen, lassen sich bereits einige alternative Ansätze finden, die eine zunehmende Verselbständigung von Teams hinsichtlich seiner Führung erkennen lassen. Die wissenschaftlich beschriebenen Konzepte erfassen das Phänomen der Teamführung aus verschiedenen Perspektiven, die aus unterschiedlichen Forschungshistorien und -ursprüngen stammen (vgl. *Wegge*, 2004; *Kauffeld & Schulte*, 2012, S. 563 ff.):

- *Dyadische* Gruppenführung: Die Führungskraft hat die Idee der zu erfüllenden Aufgabe und koordiniert die durch einzelne Gruppenmitglieder zu erbringenden Leistungen in dyadischer Führung. Hier können individuelle Delegation und Zielvereinbarungen wichtige Führungstechniken sein.
- *Direkte* Gruppenführung: Die Führungskraft interagiert mit dem Team als Ganzes, d.h. behandelt es als soziales Aggregat, das als Akteur angesprochen werden kann. Das impliziert die Vorstellung, dass dieses Team sich ein Stück weit selbst organisiert.
- *Indirekte* Führung über einen Repräsentanten: Die Führungskraft steht außerhalb des Teams und seines Aufgabenvollzugs, den dieses weitgehend selbst organisiert und ist mit dem Team über einen Ansprechpartner (Sprecher) gekoppelt, der das Team vertritt, aber nicht sein Vorgesetzter ist. Hier ist weitgehende Delegation von (Teil-) Aufgaben an das Team insgesamt möglich.
- *Gruppenzentrierte* Führung: Die Führungskraft tritt vor allem als Berater, Unterstützer und Entwickler des Teams auf (*empowerment*), kommuniziert Rahmenbedingungen und ermöglicht dem Team seine Selbstorganisation. Entscheidungen werden gemeinsam gefällt, wobei die Interessen der Gruppe besonders berücksichtigt werden.

Diese Formen der Teamführung bauen trotz fortschreitender Partizipationsmöglichkeiten der Teammitglieder darauf auf, dass eine vorgesetzte Person die Zügel, letztendlich Entscheidungsgewalt und Ressourcenverfügung, in ihrer Hand behält. Anders bei den folgenden Formen der Teamführung. Hier löst sich Führung augenscheinlich von einer vorgesetzten Führungskraft, wenn auch in unterschiedlichen Formen:

- *Co*-Führung: „Eine andere Form der Projektführung, welche in der Praxis immer öfter angetroffen wird, ist diejenige der „Co-Leitung“. Gemeint ist damit das „miteinander“ oder auch „nebeneinander“ Führen eines Projektes mit zwei (bis drei) Personen mit unterschiedlichen Erfahrungshintergründen. Diese Form der Co-Projektleitung erfordert neben der fachlichen und vorgehensmässigen intensiven Koordination besonders eine „gute Chemie“, ausgeprägte Teamfähigkeit und hohes Bewusstsein für eine kooperative Zusammenarbeit" (*Kuster et al.*, 2011, S. 115). Hierbei werden diese Teilführungsrollen hierarchisch zugewiesen.

- *Laterale* Führung: Führung unter KollegInnen und ohne hierarchischen Hintergrund. Ursprünglich war eine Konnotation des Begriffs die soziale Kontrolle von KollegInnen untereinander, ähnlich der Kontrolle durch eine Vorgesetzte. Dann wurde der Begriff für die Selbstorganisation von Arbeitseinheiten verwendet, also die Einflussnahme auf die Arbeit von KollegInnen im Sinne einer effizienten Aufgabenerledigung (vgl. *Klimecki*, 1984; *Fisher & Sharp*, 1998; *Kühl & Matthiesen*, 2012). Der Prozess dieser informellen Führung wird nicht von Hierarchie, sondern als von den Merkmalen Verständigung, Macht und Vertrauen getragen konzipiert (*Kühl, Schnelle & Schnelle*, 2004).
- *Verteilte* Führung: Die Führung des Teams entsteht aus der Situation in Kontingenz mit Kompetenzen und Expertise der überwiegend hochqualifizierten Teammitglieder, quasi aus der gesamten Teamkonstellation *emergent*. Das bedeutet einerseits, dass die Führungsrolle/n nicht explizit von außen zugeteilt ist/sind und je nach Situation wechseln zwischen den für die jeweiligen Situationen oder Teilaufgaben anerkannt kompetentesten Mitgliedern.

Aktuell findet das Konzept der verteilten Führung (zumindest in der Führungs*forschung*) die breiteste Diskussion. Es ist unter verschiedenen Begriffen im Umlauf: shared – distributed – collective – dispersed – verteilte – geteilte – kollektive Führung; die Begriffe werden zumeist nicht klar voneinander abgegrenzt, zumal in der Regel einer bevorzugt wird, ohne ihn überhaupt mit anderen in Beziehung zu setzen (vgl. *Avolio et al.*, 2009; *Pearce, Hoch, Jeppesen & Wegge*, 2010; *Bolden*, 2011). Möglicherweise lässt sich aber *ge*teilte von *ver*teilter Führung absetzen, indem das erste eher nahelegt, dass Teilführungsrollen explizit von oben (im Sinne von *Taylors* Funktionsmeister) oder informell durch Aushandlung im Team festgelegt (z.B. Aufgabenführer und sozio-emotionaler Führer im Sinne von *Bales & Slater*, 1969) sind und damit auch die Situationen, in welchen unweigerlich welche (Teil-)Führungskraft aktiv zu werden hat (also Co-Führung), während das zweite das Emergenzphänomen situationskontingenten Wechselns der Führungsrolle(n) bezeichnet.

1.3 Verteilte Führung

Vorstellungen dessen, was derzeit als *verteilte Führung* verhandelt wird, haben bereits eine längere Tradition in der Führungsforschung: So beschreiben z.B. *Katz & Kahn* (1978) recht gut das Phänomen und auch die ältere Literatur zur lateralen Führung ist hier anzusiedeln. *Pearce & Sims* (2002), die der Diskussion wesentlichen Auftrieb verschafft haben, unterscheiden für ihre Darstellung von verteilter Führung zwischen zwei Formen von Führung:

- *Vertikale Führung* (vertical leadership), d.h. die überkommene Führung von MitarbeiterInnen durch deren Führungskraft, in der diese die Gruppe mittels formaler Autorität lenkt, verantwortlich für deren Prozesse und Ergebnisse gemacht werden kann und die strategischen Entscheidungen fällt.
- *Geteilte Führung* (shared leaderhip), die aus der Gruppe hervorgeht und zwischen KollegInnen gleicher Ebene stattfindet (laterale Führung), bei der die Verantwortung von der Gruppe getragen wird, z.B. durch situations- und aufgabenspezifisch wechselnde oder alternierende Führungsaktivitäten einzelner Mitglieder.

Im Anschluss daran lässt sich verteilte Führung als ein dynamischer Prozess unter Individuen in Gruppen umschreiben, dessen Ziel es ist, sich gegenseitig zu führen, um Gruppen- bzw. Organisationsziele zu erreichen (*Pearce & Conger*, 2003, S. 1; vgl. *Gronn*, 2002; *Bolden*, 2011). Verteilte Führung findet statt, wenn Gruppenmitglieder aktiv und intentional die Führungsrolle der Gruppe einnehmen und abgeben, je nachdem, wie es die Umstände, in denen die Gruppe arbeitet, erfordern (*Pearce et al.,* 2010, S. 151). Sie wird als teamintern *emergent* gesehen, also in Form, persönlicher Gebundenheit und deren Veränderung aus der Konstellation, Situation und Geschichte des Teams und seiner Aufgabe entsteht, ohne dass das jeweils vorab von außen oder oben konkret so bestimmt worden wäre (*Carson, Tesluk & Marrone*, 2007; *Small & Rentsch*, 2010; *Avolio et al.*, 2009). Der situations- und teamdynamisch bedingte Wechsel der Führungsrolle(n) lässt sich mit *Pearce* (2004) als „serial emergence" der Führung konzipieren.

Die Wirkung verteilter Führung kann über den Erfolg verteilt geführter Teams gegenüber vertikal geführten Teams erschlossen werden. Hierzu liegen Untersuchungen vor, die zeigen, dass verteilte Führung bei vorliegenden Voraussetzungen durchaus zu besseren Ergebnissen führt als vertikale Führung (*Avolio, Jung, Murry & Sivasubramaniam*, 1996; *Gronn*, 2002; *Pearce & Sims*, 2002; *Bolden*, 2011; *Piecha, Wegge, Werth & Richter*, 2012). Die Potenziale vertikaler Führung liegen darin begründet, dass die leistungsbezogene Führungskomponente mit der humanzielorientierten Komponente von Partizipation, Selbstorganisation und Anerkennung von Expertise kombiniert werden. Hochqualifizierten mit entsprechendem Selbstvertrauen und Selbstbild ausgestatteten Kräften wird einerseits ihr Expertentum anerkannt, indem sie in den entsprechenden Feldern ihr Können entscheidend einbringen können, ohne dass ein operativer Vorgesetzter ihren Handlungsspielraum per hierarchischer Legitimation (und von ihnen ggfs. als unangemessen angesehen) einschränkt. Andererseits geht in die Kooperation die gegenseitig anerkannte Expertise unterschiedlicher Domänen ein, auf deren Grundlage die Teammitglieder sich koordinieren und bei der Aufgabenerledigung kooperieren. Um den Fortschritt jedes Mitglieds bei der Aufgabenbearbeitung und der Bearbeitung der Gesamtaufgabe abzusichern, bekommt diejenige Person temporär die Führungsrolle, die sie aufgrund seiner Expertise glaubt, ergreifen zu sollen und der dies durch die anderen zugestanden wird.

Verteilte Führung bringt nicht nur Zufriedenheits- und Motivationsvorteile, sondern fördert auch das Vertrauen innerhalb des Teams in dessen Leistungsfähigkeit und zur Kooperation der Mitglieder untereinander. Dies wird gestärkt durch zunehmende Interaktionshäufigkeit, wodurch Verständnis und Bindung aneinander wachsen (*Avolio et al.*, 1996; *Solansky*, 2008). Verteilte Führung führt zu Mustern des Informationsaustauschs, die häufigen Schwierigkeiten in Gruppen entgegenwirken, die z.B. daraus erwachsen, dass in Gruppen häufig vor allem allgemein anerkanntes Wissen kommuniziert wird, was teilweise darauf beruht, dass dies einerseits bequemer ist und andererseits eine wichtige Funktion zur Zugehörigkeitsbeteuerung per Konsensbestätigung hat. Bei verteilter Führung wird gerade durch die Anerkennung von individueller Perspektive in Verbindung mit einer entsprechenden Führungsaufgabe der Austausch nicht allgemein bekannten Wissens gefördert, wodurch die Gruppe umfangreichere und unterschiedlichere Wissensbestände nutzen kann (z.B. *Wegge*, 2004). Dieser Vorteil kommt insbesondere bei komplexen Aufgaben zum Tragen, wenn das benötigte Wissen zu umfangreich ist, als dass jeder darüber verfügen könnte.

Heinz (2005) konnte in ihrer Fragebogen-Untersuchung von 41 Forschungs-und Entwicklungs-Teams eine positive Verbindung ihrer Führungs- und Kooperationsaspekte

- Zielklarheit/Zielgemeinsamkeit,
- Entscheidungsautonomie,
- Vertrauen im Team,
- Mannschaftsgeist,
- offene vertikale Kommunikation,
- Güte des Informationsflusses und
- Häufigkeit persönlicher Kontakte

zum Kriterium „Produktverbesserung" finden, kaum aber zum Kriterium „Budgeteinhaltung" und nicht zur „Zeiteinhaltung". Eine Regressionsanalyse klärte zwar 41,5% der Varianz des Kriteriums Produktverbesserung auf, allerdings erbrachte nur der Faktor „Häufigkeit persönlicher Kontakte" ein signifikantes Beta-Gewicht mit ein. Bemerkenswert war allerdings, dass die aufgenommenen Kontextvariablen „Grad elektronischer Integration", „Teamgröße" und „Neuigkeit der Aufgabe" die Beta-Gewichte beträchtlich variieren ließen. So war z.B. Zielklarheit bei großen Teams relevant und bei kleinen nicht, während es mit der Entscheidungsautonomie anders herum war. Das weist auf beträchtliche Unterschiede in der Bearbeitung von Aufgaben bei vergleichbaren Ergebnissen durch große vs. kleine Teams hin und auch hinsichtlich der beiden anderen Kontextfaktoren ließen sich solche Unterschiede identifizieren.

Aus Forschungsperspektive ist auch von Interesse

[1] in welchem Ausmaß in einem Team verteilte Führung vorliegt (vgl. *Pearce & Sims*, 2002; *Small & Rentsch*, 2010) und

[2] ob – und *falls* ja wie – dieses Ausmaß Vorhersagen über die Teameffektivität erlaubt.

Einen Überblick zu Ansätzen und Instrumenten zur Erfassung des Ausmaßes verteilter Führung liefern *Gockel & Werth* (2010). Die Autorinnen kommen zum Schluss, dass mit den vorgestellten Ansätzen die erste Aufgabe im Grundsatz gelöst werden kann, die zweite aber noch nicht. Hinsichtlich der Voraussetzungen, unter denen mittels verteilter Führung ihr Potenzial erhöhter Leistung für das Unternehmen realisiert werden kann, lässt sich feststellen, dass sie auf einigen Bedingungen basiert, die sie als anspruchsvoller erscheinen lassen, als vertikale Führung. Wie sich für Teamarbeit im Allgemeinen verschiedene Settings unterschiedlich gut eignen, so lassen sich kontingente Zuordnungen von Aufgaben und verteilter Führung finden (*Piecha et al.*, 2012), die u.a. abhängig sind von

- *Aufgabencharakteristika*

  Die Art und Gestaltung der Aufgabe nimmt auf den Erfolg verteilter Führung großen Einfluss (*Pearce & Conger*, 2003). Gerade hoch komplexe Aufgaben eignen sich für verteilte Führung, insbesondere, wenn dabei die Qualität fokussiert wird. Dagegen weist massiver Zeitdruck eher weg von verteilter Führung, da die Koordinationsprozesse Zeit brauchen. So fanden z.B. *Mehra, Smith, Dixon & Robertson* (2006) bei Vertriebsteams keinen Vorteil verteilter Führung;

- *Mitglieder- und Gruppencharakteristika*

  Zur Ausbildung verteilter Führung müssen die Teammitglieder über dieser Kooperationsform angemessene spezifische Führungskompetenzen verfügen. Ferner müssen sie fachlich kompetent und dem Konzept gegenüber aufgeschlossen sein. Sie brauchen ein gemeinsames Problemverständnis *(shared mental models)*, eine belastbare begriffliche Basis (vgl. *Cronin & Weingart*, 2007, zum Zusammenbruch der Informationsverarbeitung im fachlich diversen Team) und ausreichendes Vertrauen zueinander, um auch ohne formale Unterordnung Aufträge, die vereinbart wurden, auszuführen. Auch demographische Faktoren spielen eine Rolle: So fanden *Hoch, Pearce & Welzel* (2010) neben dem Ausmaß der Teamkoordination auch in der Altersverteilung des Teams einen Moderator des Zusammenhangs zur Teamleistung;

- *Organisationalen Bedingungen*

  Organisationen mit ausgeprägten hierarchischen Strukturen und individuellen Anreizmodellen brauchen nicht davon ausgehen, dass in einzelnen Projekten verteilte Führung funktioniert. Teams, die verteilte Führung praktizieren, brauchen eine entsprechende organisationale Einbettung, z.B. klares und in der Praxis belastbares Commitment höherer Vorgesetzter mit dieser Kooperations- und Führungsform.

Verteilte Führung braucht also nicht unter allen Umständen vorteilhaft sein. Sie könnte nicht nur in einigen Gruppen und bei einigen Aufgaben besser einsetzbar sein, als in anderen, sondern auch in Organisationen insgesamt oder sogar ganzen Kulturkreisen (*Carson et al.*, 2007). Integrierte Personen aus Kulturen mit hoher hierarchischer Distanz und ausgeprägtem Senioritätsprinzip werden sich mit verteilter Führung wesentlich schwerer tun als Personen aus Kulturen, die diese Werte weniger honorieren (*Pearce et al.*, 2010).

Es ist auch zu berücksichtigen, dass Hochqualifizierte, die über basale Selbstführungs- und Führungskompetenzen verfügen und dem Konzept gegenüber aufgeschlossen sind, im Spannungsfeld von Kooperation und Autonomie nicht notwendigerweise harmonisch und ohne weitere Eigeninteressen ausschließlich auf die Aufgabenerledigung bezogen arbeiten und verteilt führen. Führungskräfte wie MitarbeiterInnen haben auf die eigene Person bezogene Ziele; auch Teammitglieder, die gleichzeitig MitarbeiterInnen und verteilt Führende sind, haben diese. Der „Mythos vom Managementteam“, den *Senge* (1999, S. 36 f.) eher auf vertikale Führungskräfte untereinander münzt, aber durchaus auch auf Selbstorganisation von Teams bezieht, ist auch hier zu prüfen: Binden verteilt führende Teams nicht erwartungsgemäß Einiges an persönlichen Ressourcen für Revierkämpfe, persönliche Profilierungen, Selbstbilderhaltung und Einmütigkeitsproduktion unter Vermeidung schwieriger Themen? Werden die Selbst(bild)manager dadurch, dass sie ein Team bilden, schlagartig zu selbstlosen Dienern der „höheren Aufgabe“? Andererseits: Falls davon auszugehen ist, dass dieser Reibungsverlust nicht ganz zu vermeiden ist: Beeinträchtigt das den potenziellen Leistungsvorteil verteilt geführter Teams überhaupt im Vergleich zu praktisch relevanten Alternativen?

Wirklich verteilte Führung effizient auszuüben, ist eine große Herausforderung: die Existenz der verschiedenen Expertisen, deren Anerkennung durch die jeweils anderen Teammitglieder, die Koordination zur Weitergabe der Führungsrolle, der Umgang mit dabei auftretenden Friktionen und Konflikten etc. macht verteilte Führung zu keiner Vorgehensweise, die erklärungsfrei sich selbst einstellt. Emergenz verteilter Führung ist ein Phänomen, das der Vorbereitung und Förderung bedarf. Dementsprechend spielt auch eine hierarchische Führungskraft eine wichtige Rolle: Häufig ist auch Teams, die in verteilter Führung arbeiten, eine vertikale Führungskraft vorgesetzt, deren Aufgaben sich aber konsequenter Weise von den traditionellen Aufgaben einer vertikalen Führungskraft unterscheidet.

1.4 Aufgaben bei der Führung in und von hochqualifizierten (Projekt-) Teams

Effektive Führung in hochqualifizierten Teams und prototypischen Projekten besteht zu einem Gutteil darin, Konditionen zu schaffen, in denen das Team leistungsfähig sein kann (vgl. *Pearce & Sims*, 2002; *Ensley, Hmieleski & Pearce*, 2006; *Bolden*, 2011; *Kauffeld & Schulte*, 2012), was eine eher indirekte Einwirkung auf die Teammitglieder nahelegt und deren Qualifikation, Expertise und Kompetenzen respektiert und leistungssteigernd zu unterstützen sucht. Diese Kernaufgabe ist abhängig von den Aufgabenmerkmalen, den Kompetenzen der Mitglieder, der Unternehmenskultur und dem in der Organisation vertretenen Menschenbild, wodurch die gewählte konkrete Form der Führung eher abhängige Variable als a-priori Setzung sein sollte.

Dabei leidet gelegentlich die Genauigkeit der Aussagen etwas, wenn in der Literatur „die Führungskraft" angesprochen wird, es aber z.B. im Rahmen von Partizipation, Selbstorganisation oder verteilter Führung um „Führung" allgemein geht. Der Aspekt personeller Verteilung von Führungsaufgaben bleibt dann unausgesprochen und die Betrachtung gerät so – evtl. unbeabsichtigt – ausgesprochen personalistisch. Als spezifische Anforderungen an *Führungskräfte* in hochqualifizierten Teams (Projektleiter) werden z.B. folgende Bereiche benannt (vgl. z.B. *Mumford, Scott, Gaddis & Strange*, 2002; *Wegge & Schmidt*, 2012), wobei auch hier zu differenzieren ist zwischen dem *Machen* und dem *Ermöglichen* durch die Führungskraft:

- Diagnose der Aufgabenkomplexität und der daraus erwachsenden Anforderungen an die MitarbeiterInnen,
- Komplexität handhabbar zu machen, ohne sie zu banalisieren: Denken in Prozessen und Systemen,
- Diagnose der aufgabenbezogenen Kompetenzen der MitarbeiterInnen und deren Vertrauen in diese Kompetenzen,
- Prioritäten für die Ressourcenzuteilung zu setzen: Dringlichkeit und Wichtigkeit, sowie Wollen und Müssen der Mitarbeiter,
- Entscheidungen zu fällen bzw. herbeiführen: Verfahren zur effizienten Entscheidungsfindung in *diesem* Team entwickeln, Informationssuche, -verteilung und -bewertung sicherstellen,
- Ziele zu vereinbaren, konkretisieren, verfolgen, überprüfen,
- Zielbindung der MitarbeiterInnen bei fehlender disziplinarischer Grundlage und geteilten Loyalitäten und Aufgabenanforderungen der Mitglieder zu stärken,
- MitarbeiterInnen Feedback zu bieten,
- Zeitmanagement für die MitarbeiterInnen, das Team und die eigene Arbeit.

Yukl (2010, S. 367) fasst ebenfalls Fertigkeiten zusammen, die Führungskräfte in funktionsübergreifenden Projektteams in besonderem Maße haben sollten, um erfolgreich zu sein:

- *Technical expertise*: Die Führungskraft muss auf der Basis fachlicher Kenntnisse zumindest in der Lage sein, sich verständig mit Teammitgliedern unterschiedlicher funktionaler Hintergründe verständigen zu können.
- *Project management skills*: Die Führungskraft muss die Techniken des Projektmanagements beherrschen.
- *Interpersonal skills*: Die Führungskraft muss Werte und Bedürfnisse der Teammitglieder verstehen, sie beeinflus-

sen und Konflikte auflösen sowie ein Zusammengehörigkeitsgefühl bei ihnen stimulieren können.

- *Cognitive skills*: Die Führungskraft muss komplexe Probleme, die auch Kreativität und Systemdenken erfordern, lösen können und verstehen, in welcher Weise die im Team vorhandenen Kompetenzen für den Projekterfolg relevant sind.
- *Political skills*: Die Führungskraft muss in der Lage sein, Koalitionen einzugehen, die den Zugang zu Ressourcen, Unterstützung und Zustimmung des Topmanagements und anderen relevanten Anspruchsgruppen verschaffen.

Damit stellt er eine interessante Mischung aus bescheidenen (z.B. bei *technical expertise*) und beinahe unerreichbaren (z.B. die *cognitive skills* in dieser Formulierung) Kompetenzanforderungen zusammen, was darauf hinweist, dass er (immer noch) die traditionelle Vorstellung, dass letztlich *die eine* Führungskraft alles allein durchschaut und alles Wichtige entscheidet, pflegt.

Wird verteilte Führung als überlegene Koordinations- und Kooperationsform für die Bearbeitung komplexer Aufgaben gesehen, stellt sich die Frage, wie diese in einem Team gefördert werden kann. *Houghton, Neck & Manz* (2003) stellen Techniken zusammen, mit deren Hilfe die Führungskraft verteilte Teamführung fördern kann:

- entsprechende Auswahl der Teammitglieder (Fachexpertise, Führungskompetenzen),
- Entwicklung von Selbstführungs- und Organisationskompetenzen,
- Einforderung des Gebrauchs dieser Kompetenzen,
- Vermeidung von Bestrafung und stattdessen Befürwortung des Lernens aus Fehlern,
- Formulierung von Fragen statt Antworten zu liefern,
- Förderung von Initiative und Kreativität,
- Reduzierung des Formulierens von Befehlen,

- Schaffung von Interdependenz,
- Förderung von Entscheidungsfindungen auf Individual- und Teamebene,
- Unterstützung des Teams, falls notwendige Kompetenzen (noch) nicht ausgeprägt sind,
- gezielte Grenzregulation zwischen Team und deren organisationalem Umfeld.

Sie nennen die Aufgabe der Führungskraft in diesem Zusammenhang *SuperLeadership*, indem sie die Teammitglieder in die Lage versetzt, selbst gemeinsam die Führung des Teams auszugestalten. Der Ansatz hat große Ähnlichkeit mit teamarbeitsbezogenem *empowerment* von MitarbeiterInnen (vgl. *Piecha et al.*, 2012).

Hinsichtlich der zu verfolgenden Führungsstile wird in der Führungsforschung auch im Kontext verteilter Führung die transformationale Führung bevorzugt. *Pearce & Sims* (2002) untersuchen fünf Dimensionen der Führung (Führungsstile), die sich potenziell für verteilte Führung eignen und die sie als Grundlage ihres Instruments zur Messung des wahrgenommenen Ausmaßes verteilter Führung verwenden: die ermächtigende, die transformationale, die transaktionale, die direktive und die aversive Führung. Sie liefern Untersuchungsergebnisse, dass (Prozessoptimierungs-)Teams mit zunehmendem Ausmaß verteilter Führung Effektivitätsvorteile realisieren. Diese fanden sie sowohl für die Einschätzung durch die Teammitglieder selbst (wobei das nicht weiter verwunderlich ist) als auch durch deren Vorgesetzte und Kunden. Von besonderem Interesse ist dabei die ermächtigende (empowering, s.o.) Führung, die auf die Entwicklung von Selbstführung bei den MitarbeiterInnen zielt, sowie transformationale Führung, die sich positiv auf die Effektivität auswirken. Transaktionale Führung wirkt sich situationsspezifisch positiv, neutral oder negativ aus, während direktive und aversive (auf Bestrafung, Tadel und Drohung basierende) Führung sich negativ auswirken.

Wastian, Braumandl & Weisweiler (2012, S. 87) berichten ebenfalls, dass sich auch bei der Führung von Teams wieder die differenzierte Betrachtung transaktionaler und transformationaler Führungsverhaltens durch Einführung von Situationsparametern lohnt. Aus der Perspektive der Innovationsforschung – ein für anspruchsvolle

Teamarbeit in Projekten durchaus relevantes Feld – wären in kreativen Prozessen transformationale Führungstechniken vorteilhaft, um die Qualität der gefundenen Lösungen zu steigern, während transaktionale Techniken eher mindernd wirkten. Letztere sind eher in der Implementierung bzw. Aufgabenumsetzung angezeigt – sobald also Routineprozesse einsetzen (vgl. *Keller*, 1992). Allerdings können nach ihrem Dafürhalten auch dann transformationale Techniken zu zusätzlicher Leistung führen, wodurch die Befundlage etwas verkompliziert wirkt.

Durch das *empowerment* des Teams in Richtung verteilter Führung können die Führungskräfte auch für sich selbst weit verbreiteten Schwierigkeiten entgehen oder vorbeugen, die bei der Führung bei komplexen Aufgaben und in Projekten weit verbreitet sind. Neben möglichen Schwierigkeiten bei der Situationsbeurteilung, technischen Lösungsfindung und Entscheidungen, die traditionell schwer auf den Schultern der Führungskraft allein lasten (s.o. der Kasten mit vorzuhaltenden Führungsfertigkeiten nach *Yukl*, 2010), werden Aspekte des Zeitmanagements und der Tätigkeitspriorisierung relevant. Dabei sind Schwierigkeiten zu berücksichtigen wie:

- Häufig aufzufindende unmäßige zeitliche Aufschiebungen (Prokrastination, vgl. *Fydrich*, 2009; *Klingsieck & Fries*, 2012);
- Fehleinschätzung (zumeist Unterschätzung) der benötigten Bearbeitungszeit nicht nur angesichts neuartiger, komplexer Aufgaben, sondern vor allem auch für unspektakuläre Aufgaben, die als nicht herausfordernd gesehen werden, aber detailliert, gewissenhaft und ggfs. in Interdependenz mit anderen bearbeitet werden müssen (z.B. administrative oder allgemein Routinetätigkeiten) und in denen vorhandene persönliche Erfahrung eigentlich zu guten Zeitschätzungen führen müsste (*Kahneman & Tversky*, 1979);
- Präferenzwechsel als Bedrohung von gesetzten Prioritäten (*Lewin*, 1931; *Heckhausen*, 1989; *Kehr*, 2001; *König & Kleinmann*, 2007).

Projektleiter verfallen auch häufig der Selbstausbeutung, indem sie viel mehr als die übliche Arbeitszeit investieren, wodurch einerseits ihre Gesundheit und ihr Privatleben, andererseits aber auch die Arbeitsqualität leiden können. Bemerkenswerter Weise scheinen

Männer häufiger so zu handeln als Frauen, die die Balance anscheinend nicht so häufig aufgeben und die Lebensbereiche besser auszutarieren verstehen (vgl. *Hoff, Grote, Dettmer, Hohner & Olos*, 2005). *Manz* (1986, 1991) versteht in diesem Zusammenhang unter Selbstführung neben der konkreten Formung eigenen Verhaltens durch Selbstbeobachtung, Zielsetzung und Selbstverstärkung auch die Auseinandersetzung mit den eigenen Zielen, Werten und Bewertungen. Auf letzterem baut die von ihm beschriebene Aufgabe der Veränderung eigener Gedankenmuster auf. Genau hierzu fordert das Konzept der verteilten Führung auf – auch für eine evtl. benannte Führungskraft eines solchen hochqualifizierten (Projekt-) Teams.

Verteilte Führung wie Selbstführung der Teammitglieder lassen sich als Substitut für Vorgesetztenführung konzipieren, wie auch im nachfolgenden Fallbeispiel 3 aufgezeigt wird. Sie können also zumindest Teile der Personalführung durch Vorgesetzte übernehmen bzw. ersetzen (vgl. *Kerr & Jermier*, 1978; *Kerr & Mathews*, 1995) und somit die Führungskraft sowohl quantitativ wie qualitativ entlasten.

Fallbeispiel 3: *Finanzdienstleistungsunternehmen*

Die Bedeutung von Projekten nimmt unverkennbar zu. Die Führung von MitarbeiterInnen in Projekten sieht sich dabei mit Herausforderungen konfrontiert, deren Bewältigung spezielle Führungsfähigkeiten erfordert. Dies wird am Beispiel der Einführung von SAP HR in einem Finanzdienstleistungsunternehmen im Rahmen eines unternehmensweiten IT-Projektes aufgezeigt:

„Da die Einführung des personalwirtschaftlichen (IT-)Systems erfolgskritisch für die Weiterentwicklung der Personalfunktion war, bedurfte es für mich zunächst eines gezielten Überblicks im Rahmen eines Projekt-Reviews. Dabei zeigte sich schnell, dass weitere interne Kapazitäten für das Projekt freizustellen und wichtige Schlüsselfunktionen im Projekt mit erfahrenen Kollegen zu besetzen waren, um die Projektziele erreichen zu können.

Mit ausreichendem Know-How und Kapazität im Projekt konnte anschließend der Fokus auf ein gezieltes Team Building im Projekt gelegt werden. Dabei war es wertvoll, vor allem auf fachlich übergreifenden Kompetenzen und die Kenntnis bestehender interner Netzwerke der Kollegen zurückgreifen zu können und aktiv Freiraum für Entscheidungen zu schaffen, um so das vorhandene Wissen der Kollegen zur gezielten Entfaltung zu bringen und die im Projekt vorhandenen Kompetenzen der Mitarbeiter und Mitarbeiterinnen im Projekt aktiv und gezielt zu vernetzen.

Frühzeitig hatten wir vorgesehen, dass die Projektmitarbeiter während der Einführungsphase und auch in der ersten Umsetzungsphase als Multiplikatoren für das neue IT-System fungieren sollten. Daher war es wichtig, dass gerade die Projektmitarbeiter ein hohes Interesse an dem neuen System hatten. Es war vor allem in der ersten Hälfte des Projektes immer noch schwierig, die Projektbeteiligten von dem Nutzen des neuen Systems zu überzeugen, da das Altsystem weiter in aktiver Anwendung und die Vorteile des neuen Systems nun sichtbar wurde. Nur durch gezielte Projektrunden, in denen der fachliche wie persönlich Nutzen der IT-technischen Optimierungen regelmäßig – neben den Fortschritten im Projektstatus/-verlauf – hervorgehoben wurden, gelang es zunehmend die Neugierde und den Optimismus für das neue IT-System zu wecken.

Bedeutsam war es dabei aber auch, das Erreichen wichtiger Meilensteine im Projekt nicht nur fachlich zu würdigen, sondern auch mit besonderen Aktionen (z.B. gemeinsamen Projektevents) zu verbinden, um den Zusammenhalt im Projektteam weiter zu verfestigen. In den regelmäßigen Informationsrunden oder bei Mitarbeiterveranstaltungen wurde regelmäßig von Projektmitarbeitern und mir als Projektleiter über die erzielten Projektfortschritte berichtet. Ziel war es, das Projekt immer mehr in das „Alltagsgeschäft" des Personalbereiches zu integrieren und alle MitarbeiterInnen auf die anstehenden Qualifizierungsmaßnahmen als auch die Systemumstellung vorzubereiten.

Darüber hinaus erhielten wir im Rahmen des unternehmensweiten IT-Projektes einen guten Überblick zu potenziellen Kandidaten, die sich über die erfolgreiche Mitarbeit im Projekt für weiterführende Verantwortungen im Unternehmen empfehlen konnten. Insoweit ist ein Projekt immer eine gute Möglichkeit, interne Talente mit neuen Aufgaben zu betrauen und Sie in Ihrer beruflichen Weiterentwicklung gezielt zu fördern. Ein aus meiner Sicht noch nicht ausreichend genutzter Entwicklungsweg.

Dieses Bespiel zeigt: Die Besetzung von Projektleitungsfunktionen ist in vielen Unternehmen häufig noch unzureichend geregelt. Vernachlässigt werden sowohl eine an vorab zu definierenden Kompetenzen orientierte professionelle Auswahl geeigneter Projektleiter als auch deren intensive Vorbereitung auf die Aufgabe. Das Verständnis, eine gute Führungskraft in der Linie sei auch eine gute Führungskraft in Projekten, teile ich nicht. Zu unterschiedlich sind die Herausforderungen eines Projektleiters und die an ihn gestellten Anforderungen sowohl was die spezielle Fachmethodik im Projektmanagement angeht als auch die Führung von Mitarbeitern. Vorrangige Aufgabe eines Projektleiters ist die Bewältigung neuer und „einmaliger" Herausforderungen, Kernaufgabe der Linienfunktion ist die Stabilisierung und Optimierung der laufenden unternehmerischen Aufgaben."

Zur Online-Fallstudie:
http://www.uvk-lucius.de/fuehren/fb/12.pdf

1.5 Ausblick

Verteilte Führung ist nicht die „eine beste" und schon gar nicht die häufigste Form der Führung in der Praxis von Teams und Projektgruppen, eher das, was aktuell für bestimmte Konstellationen als das Führungskonzept mit dem besten Potenzial angesehen wird: der hochkomplexen Aufgabe, relativen Neuartigkeit, den interdisziplinären Anforderungen etc. praktisch gesehen am besten angemessen.

Verteilte Führung bedeutet andererseits nicht, dass keine Führungskraft mehr nötig wäre oder gar (immer) störend. Sie hebt die Bedeutung der Führung von oben nicht auf, sondern die Aufgaben der formalen Führungskraft sind bei verteilter Führung charakteristisch verändert, indem sie schwerpunktmäßig in der Entwicklung, Erhaltung und Unterstützung der verteilten Führung besteht. Die zentrale Aufgabe der Führungskraft in solchen Teams ist es demnach, das Team in seiner Entwicklung zu fördern sowie nach innen und außen handlungsfähig zu halten – und das in der spannungsgeladenen Konstellation einer starken Betonung sowohl individueller Kompetenzen der Teammitglieder als auch deren Kooperation, also gleichzeitiger Personalisierung und Verschmelzung der vorhandenen Kompetenzen durch Kooperation (vgl. *Franke*, 1980). Bei Friktionen, die für das Team offensichtlich und durch es selbst artikuliert nicht mehr zu beherrschen sind, hat eine Instanz da zu sein, nicht notwendigerweise um zu entscheiden oder „das Problem aus der Welt zu schaffen", vielleicht lediglich und viel eher zur Moderation. Bei solchen und anderen Interventionen in die operative Arbeit verteilt geführter Teams sollte die Führungskraft aber starke Zurückhaltung üben. Nicht selten sind gerade solche Eingriffe für die Teamleistung ungünstig (vgl. *Stock*, 2005; *Riener & Wiederhold*, 2012). Trotz dieser unterstützenden Wirkung nach innen verschiebt sich bei verteilter Führung der alltägliche Fokus der Vorgesetzten ein gutes Stück weiter nach außen auf die Schnittstellen des Teams, hin zu Stakeholdern der Teamarbeit. Das Networking in diesen Kontexten ist häufig ein ganz erheblicher Faktor für den Erfolg von Projekten (vgl. *Wastian, Braumandl & Weisweiler*, 2012, S. 80).

Verteilte Führung wirkt sich nicht nur positiv auf die Effektivität der Teams, die Zufriedenheit, Motivation und Unternehmensbindung der Teammitglieder aus, sondern hat auch das Potenzial, über die Erhöhung des Handlungsspielraums, der Zuweisung wirklicher Verantwortung, der Motivierung durch vollständige Aufgaben und Förderung der Selbstregulierung Potenzial zur Persönlichkeits- und Gesundheitsförderung zu entwickeln (*Piecha et al.*, 2012, S. 569). Das gilt auch für die Vorgesetzten selbst hinsichtlich qualitativer und quantitativer Belastung und damit ihren Schutz vor üblicherweise daraus folgenden negativen Konsequenzen für Leistung und Gesundheit.

Da nicht nur Aufgaben von Teams komplexer Natur zu sein brauchen, sondern sie auch in komplexe Kontexte, z.B. Netzwerkbeziehungen, eingebettet sind, und ihre Aufgaben ebenfalls dichte Vernetzungen außerhalb des unmittelbaren Handlungsradius des Teams haben, lässt sich das Bild der Führung in komplexen Settings auch ausweiten: *Complexity Management* (*Lichtenstein, Uhl-Bien, Marion, Seers, Orton & Schreiber*, 2007; *Uhl-Bien & Marion*, 2008) bezieht sich auf die spezifische Führungsaufgabe angesichts komplexer Felder und Umgebungen, vorzugsweise bei moderner Wissensarbeit. Allerdings hat dieser Ansatz den Fokus auf zwar spontan und situativ veränderliche *emergente* Führungsprozesse, die aber überwiegend (noch) dyadisch gedacht sind. Angesichts von Netzwerken zwischen Teams, ggfs. solchen aus verschiedenen Unternehmen oder sogar aus Unternehmen wird mittlerweile auch ein *Shared Network Leadership* betrachtet (z.B. *Graen & Graen*, 2007; *Weibler & Rohn-Endres*, 2010).

2 Führung in virtuellen Teamstrukturen

In der globalisierenden Welt sind räumlich verteilte Gruppen, die zu ihrer Koordination und Aufgabenerfüllung in starkem Umfang moderne Informations- und Kommunikationsmedien nutzen, mittlerweile weit verbreitet und sie werden demnach als ein weiteres Setting betrachtet, in dem eine spezifische Ausprägung von Führung zu diskutieren ist.

Begrifflich werden diese Arbeitsgruppen oder Teams unterschiedlich gefasst. Den Begriffen ist gemeinsam, dass sie ausdrücken sollen, was sie von Präsenzgruppen (bzw. traditionellen, konventionellen, lokalen oder face-to-face-Gruppen) unterscheidet. So werden die unterschiedlichen definierenden Aspekte solcher Teams beleuchtet: Sie werden als *(standort-)verteilt*, *mediengestützt*, *medial vermittelt* oder *virtuell* qualifiziert, was ihre Merkmale als nicht an einem (realen) Ort versammelt, durch Medien aber koordiniert und damit im „virtuellen Raum" oder virtuell konstituiert, anspricht.

Dementsprechend konzentrieren sich Definitionen auf die Aspekte der räumlichen Distanz und der medialen Zusammenführung der Kompetenzen und Teilaufgaben:

„Ein virtuelles Team ist – wie jedes andere Team – eine Gruppe von Menschen, die mittels voneinander abhängiger – interdependenter – Aufgaben, die durch einen gemeinsamen Zweck verbunden sind, interagieren. Im Gegensatz zum konventionellen Team arbeitet ein virtuelles Team über Raum-, Zeit- und Organisationsgrenzen hinweg und benutzt dazu Verbindungsnetze, die durch Kommunikationstechnologien ermöglicht werden" (*Lipnack & Stamps*, 1998, S. 31).

„Als virtuelle Teams werden flexible Arbeitsgruppen standortverteilter und ortsunabhängiger Mitarbeiterinnen und Mitarbeiter bezeichnet, die auf der Grundlage von gemeinsamen Zielen bzw. Arbeitsaufträgen ergebnisorientiert geschaffen werden und informationstechnisch vernetzt sind" (*Konradt & Hertel*, 2002, S. 18).

„… teams, in which members are geographically dispersed and coordinate their work predominantly with electronic information and communication technologies (e-mail, videoconferencing, etc.)“ (*Hertel, Geister & Konradt*, 2005, S. 69).

„Unter einer mediengestützten Arbeitsgruppe verstehen wir ein Team, dessen Mitglieder ohne unmittelbare geografische und zeitliche Bindung zusammenarbeiten und dazu vornehmlich über elektronische Medien kommunizieren und interagieren“ (*Wick, Dauner & Mitschke*, 2009, S. 15).

Als ein weiteres Merkmal virtueller Arbeitsgruppen wird häufig die durch die räumliche Ungebundenheit im Vergleich zu Präsenzteams erhöhte Wahrscheinlichkeit dafür, dass virtuelle Gruppen auch inter- oder multikulturelle Gruppen sind, genannt (z.B. *Bell & Kozlowski*, 2002; *Köppel*, 2007; *Wick et al.*, 2009). Das relative Ausmaß der Nutzung von Medien zur Kommunikation und Kooperation bestimmt schwerpunktmäßig das Ausmaß an *Virtualität* der Gruppe (*Martins, Gilson & Maynard*, 2004), ergänzt durch das Ausmaß der (räumlichen, zeitlichen und konfiguralen) Verteiltheit (*O'Leary & Cummings*, 2007).

Arbeiten in virtuellen Teams wird unter verschiedenen Bezeichnungen untersucht: Wohl am stärksten durchgesetzt hat sich die „virtuelle Teamarbeit“ (bzw. „virtual teamwork(ing)“, z.B. *Bal & Teo*, 2001; *Lenk, 2002*; *Geister & Scherm*, 2004; *Hertel & Konradt*, 2007; *Hertel, Konradt & Voss*, 2006; *Rack, Tschaut, Giesser & Clases*, 2011). Daneben werden weitere Begriffe verwendet, die zumindest weitgehend synonym sind, wie z.B.:

- Telekooperation (z.B. *Büssing & Konradt*, 2006; *Hertel & Konradt*, 2007; *Reichwald, Möslein, Sachenbacher & Englberger*, 2000);
- virtuelle Kooperation (*Konradt & Köppel*, 2008; *Ryser et al.*, 2011);

- e-collaboration (z.B. *Fink*, 2007; *Konradt & Hoch*, 2007; *Stoller-Schai*, 2003);
- distibuted working (z.B. *Good*, 2007);
- virtual team collaboration (*Wesner*, 2008).

In solchen virtuellen Settings zu arbeiten, stellt spezifische, von den üblichen Anforderungen in Teams und Arbeitsgruppen teilweise systematisch abweichende Anforderungen nicht nur an die Technik, sondern auch an die betroffenen Personen: sowohl die MitarbeiterInnen als auch die Führungskräfte. Wegen der Auswirkungen auf die Aufgaben von Führung und der dafür erforderlichen Kompetenzen hat sich ein eigenes Forschungsfeld entwickelt, das die Führung in virtuellen Gruppenstrukturen untersucht (vgl. *Avolio, Kahai & Dogde*, 2001; *Bell & Kozlowski*, 2002; *Konradt & Hertel*, 2002).

Geläufige alternative Begriffe für die Führung virtueller Teams bzw. die Führung in virtuellen Teams sind:

- E-Leadership (z.B. *Avolio et al.*, 2001; *Hoch, Andreßen & Konradt*, 2007);
- Führung auf Distanz oder Distance Leadership (z.B. *Eichenberg*, 2007; *Herrmann, Hüneke & Rohrberg*, 2012; *Remdisch & Utsch*, 2006);
- Computer-mediated Leadership (z.B. *Fischer & Manstead*, 2004).

2.1 Angenommene Chancen und erlebte Risiken virtueller Teams

Organisationen versprechen sich Vorteile davon, wenn sie virtuelle Teams einrichten (vgl. *Hertel & Konradt*, 2007; *Ebrahim, Ahmed & Taha*, 2009; *DeRosa & Lepsinger*, 2010). Konkret geht es dabei um:

- Kostenersparnis (Reisekosten; Entsendungskosten; Raum- und Ausstattungskosten; geringere Lohnkosten von MitarbeiterInnen aus anderen Ländern etc.)
- Leistungsverbesserung (durch Kompetenzpoolung z.B. der besten oder gerade freier Experten des Unternehmens, auch wenn diese an unterschiedlichen Orten sitzen und dort auch unabkömmlich sind; schnellere und bessere Entscheidungsfindung etc.)
- Erhöhte Zeitflexibilität (kurzfristige Zusammenkünfte; Informations- und Kooperationsgewinn durch Arbeit in verschiedenen Zeitzonen etc.)
- Höhere Zielorientierung und effizientere Zeitnutzung (Schnelligkeit durch Arbeit „rund um die Uhr" in verschiedenen Zeitzonen; keine emotionalen Gefechte durch objektivierte Kommunikation über Medien; bessere Leistungs- und Fortschrittsüberprüfung über Medien; keine Reisezeiten; nur zeitweise Nutzung der Kompetenzen der Mitglieder, die dadurch auch für andere Arbeiten frei bleiben; mediale Automatisierung von Standardvorgängen etc.)
- Höheres Reaktionspotenzial auf Markt- und Wettbewerbsanforderungen und -veränderung (schnelle Präsenz in einem neuen regionalen Markt mit wenig Personal dort, das aus anderen Ländern virtuell unterstützt werden kann; Möglichkeit, Großaufträge zu bearbeiten etc.)
- Maximale bzw. optimale Informationsversorgung über die Medien (schnelle und objektiv nachprüfbare Informationsausbreitung; sowohl geschlossene als auch offene Austauschmöglichkeiten; einfache Übertragbarkeit großer Informationsmengen; schnelle und sichere Aktualisierungsmöglichkeiten; Möglichkeit automatischer Dokumentation etc.)

- Engere Zusammenarbeit über niedrigschwellige, schnelle und nachprüfbare Kommunikationsmöglichkeiten (synchron: z.B. Telefon, Videokonferenz; asynchron z.B. E-Mails, Wikis)
- Erhöhte Arbeitsmotivation der Teammitglieder (durch freiere Zeiteinteilung; durch freiere räumliche Arbeitsmöglichkeiten; erweiterte Entscheidungsmöglichkeiten; höhere Autonomie etc.)
- Mitarbeitergewinnung und -bindung: Image- und Attraktivitätsgewinne bei Hochqualifizierten, Technikaffinen und Personengruppen, die räumlich weniger mobil sind (wegen Kinderbetreuung, Pflege Angehöriger, körperlicher Behinderung etc.)

Allerdings ist die Einrichtung virtueller Teams nicht immer dadurch motiviert, dass sie als eine *bessere* Form der Kooperation im Vergleich zu Präsenzteams gesehen werden. Oft dienen virtuelle Teams eher als die zu wählende Möglichkeit, wenn es dem Unternehmen nicht oder nur unter unhaltbaren Bedingungen gelingt, ein Präsenzteam zusammen zu stellen (vgl. *Weinkauf & Woywode*, 2004).

Entsprechend den Vorstellungen über die Vorteile virtueller Teams müssten sich Leistungs- und Zufriedenheitsvorteile finden bzw. in dem Fall, in dem sie nicht als die bessere Alternative, sondern als Kompensation für nicht zustande zu bringende Präsenzteams dienen, zumindest ein vergleichbares Niveau. Und da sie Teams konstituieren lassen, wenn sich Präsenzteams nur mit unverhältnismäßigem Aufwand einrichten lassen, sollten sie Kosteneinsparungen mit sich bringen.

Nach einer (recht kurzen) Phase der Begeisterung über die Potenziale virtueller Teamarbeit kam bei genauerer Betrachtung der Ergebnisse das unangenehme Erwachen (vgl. *Jarvenpaa*, 1998; *Govindarajan & Gupta*, 2001; *Scholz*, 2001; *Bergiel, Bergiel & Balsmeier*, 2008; *Köppel & Sattler*, 2009). Was sozialpsychologisch, kommunikationstheoretisch, medientheoretisch, ergonomisch und aus anderen Grundlagendisziplinen durchaus bekannt war, wurde nun anhand von Beobachtungen im Organisationsalltag zur Kenntnis genommen: Das Potenzial der Mehrleistung oder gleicher Leistung bei geringeren Kosten ist nicht so einfach zu realisieren. Vielfach wurden sehr schwache Ergebnisse festgestellt: Die Leistung virtueller Teams ist oft bescheiden, der Zeitbedarf, zu Ergebnissen zu kommen hoch, die Kosten ebenfalls. Häufig werden die Ziele gar nicht erreicht,

Teams werden vorzeitig aufgelöst oder kollabieren. Allein die Möglichkeit, Nachrichten und Daten schnell, sicher und kostengünstig zwischen hochqualifizierten Teammitgliedern zu versenden und zu empfangen, gewährleistet demnach keine überlegenen Kooperationsergebnisse oder Kosteneinsparungen.

Den großen Potenzialen virtueller Kooperation stehen Einschränkungen und Gefahren gegenüber, die sich zwar bei umsichtigem Vorgehen kalkulieren, kompensieren, vermeiden oder sogar konstruktiv nutzen lassen. Ihr höchstwahrscheinliches Auftreten bei „naivem", d.h. nicht auf die Spezifitäten der virtuellen Situation und Prozesse vorbereiteten Vorgehen bringt aber große Schwierigkeiten mit sich (Überblicke z.B. in *Konradt & Hertel*, 2002; *Malhotra, Majchrzak & Rosen*, 2007, *Bergiel et al.*, 2008; *Köppel & Sattler*, 2009; *Ebrahim et al.,* 2009):

- Erhöhter Organisationsaufwand im Alltag hinsichtlich der technischen Unterstützung (z.B. Groupware), Vorbereitung und Durchführung der Kooperation sowie für Präsenztreffen
- Abhängigkeit davon, dass die zu benutzenden medialen Technologien wirklich zweckmäßig und zuverlässig sind
- Mangelnde routinemäßige Kontrollmöglichkeit für die Verantwortlichen und damit geringerer unaufdringlicher und niedrigschwelliger Zugriff für die Führungskraft auf die MitarbeiterInnen
- Größere Gefahr zunächst unerkannter, dann scheinbar spontan eskalierender (Macht-)Konflikte und Kommunikationsprobleme (*flaming*) und erhöhter Aufwand im Konfliktmanagement
- Zusätzliche Belastungen für Teammitglieder (Tageszeiten/Zeitzonen, zeitliche Fragmentierung der Tätigkeit, gelegentliche weite Reisen, Work-Life-Balance, Informationsüberflutung)
- Stärkere Anforderungen an die Vertrauensbildung zur Kooperation im Team
- Mangelnde Identifikation und geringes Commitment der Mitglieder mit dem Team, der Aufgabe und dem Unternehmen
- Mangelnde Integration der virtuell kooperierenden Mitglieder in lokale Teams
- Erhöhte Wahrscheinlichkeit von Schwierigkeiten in der interkulturellen Zusammenarbeit

Die erwähnten Potenziale und Vorteile virtueller Kooperation eröffnen die Chance zu erfolgreichem Handeln – unter Umständen erfolgreicher und effizienter als die in Präsenzteams. Dies lässt sich nur dann erwarten, wenn die Gefahren und Nachteile sie nicht ausgleichen oder überwiegen. Die Effektivität virtueller Teams ist ein virulentes Thema in Praxis und Forschung – der Blick soll nun auf deren Führung gerichtet werden.

2.2 Die Führung virtueller Teams

Die Zusammenarbeit in mediengestützten Arbeitsgruppen ist charakteristisch verschieden von der in traditionellen Arbeitsgruppen: Persönliche Kontakte zu KollegInnen und Führungskräften finden (relativ) seltener statt. Es wird mehr medienvermittelt und asynchron kommuniziert. Die Wahrscheinlichkeit, dass KollegInnen sich nicht persönlich kennen und darüber hinaus aus verschiedenen Kulturkreisen stammen, ist erhöht. Diese Besonderheiten können für MitarbeiterInnen zu eingeschränkter Motivation, Engagement, Vertrauen und verstärktem Konflikt, Überforderung und schließlich zu einer Verminderung der Arbeitszufriedenheit und Gruppenleistung führen. Virtuelle Arbeitsgruppen und Teams sehen sich folglich allen Herausforderungen von Präsenzteams auch gegenüber – zusätzlich aber der, dass die Kooperation routinemäßig ohne unmittelbaren Kontakt stattfindet. Daher die häufige Einschätzung, virtuelle Kooperation sei anspruchsvoller und komplexer. Allerdings scheint es auch einige Vorteile im Prozess der Kooperation zu geben, die in lokaler Kooperation erfahrungsgemäß kaum zu erzielen sind.

Es liegen mehrere Überblicksarbeiten zur empirischen Forschung vor, die sich mit den Erfolgsfaktoren von virtuellen Teams befassen (z.B. *Martins et al.*, 2004; *Hertel et al.*, 2005; *Gaudes, Hamilton-Bogart, Marsh & Robinson,* 2007 und *Mortensen, Caya & Pinsonneault,* 2010). Hinsichtlich der Leistung von virtuellen Teams eindeutige Ergebnisse zu erwarten, ist ebenso (un-)angemessen, wie das bei lokalen Teams ist. Trotzdem wird – gerne im Vergleich – genau diese Leistung zu ergründen, gelegentlich empirisch zu untersuchen versucht. *Martins et al.* (2004, S. 817) stellen in ihrem Überblick empirischer Untersuchungen denn auch fest, dass die Ergebnisse sehr gemischt sind und nennen als offensichtliche und kaum zu beeinflussende Moderatoren dafür die Art der Aufgabe und die Ausprägung der Virtualität der Teams. Virtuelle Teams brauchen demnach üblicherweise länger als lokale Teams, um klar umrissene Aufgaben zu erfüllen (allein schon technisch durch Asynchronität der Kommunikation und längere Zeit, die für das Schreiben als für das Sprechen benötigt wird). Andererseits sind virtuelle Teams bei Entscheidungsaufgaben mindestens gleich stark, bei Brainstorming-Aufgaben besser, jedoch bei Verhandlungsaufgaben eher schwächer als traditionelle Teams. Allerdings beschränken sich die Befunde dabei auf eng umrissene Aufgaben, die bevorzugt unter Laborbedingungen untersucht werden können, nicht auf die zumeist komplexen Aufträge realer effizienzorientierter Teams. *Baltes, Dickson, Sherman, Bauer & LaGanke* (2002) fanden in einer Metaanalyse (mit 52 Untersuchungen) zur Qualität und Zufriedenheit mit Entscheidungen in Teams, dass medial gestützte Teams auch unter Berücksichtigung verschiedener Moderatorvariablen bestenfalls gleich schnell, effektiv, effizient und zufrieden waren wie Präsenzteams, vielfach ihnen jedoch unterlegen. Einzeluntersuchungen kommen aber auch zu anderen Ergebnissen. So fand *Fjermestad* (2004) Vorteile virtueller Gruppen hinsichtlich Entscheidungsqualität, Analysetiefe, Partizipation der Beteiligten und Zufriedenheit der Teammitglieder bei etwa einem Drittel der Teamvergleiche (n=145).

Die Faktoren, die gemäß der Überblicksarbeiten kritisch sind für den Erfolg eines virtuellen Teams unterscheiden sich nur unwesentlich von denen in Präsenzteams: Teamzusammensetzung, Commitment für die Aufgabe, das Team und die Organisation, Arbeitszufriedenheit, bisherige Leistungsergebnisse, Entscheidungsqualität, Weiterentwicklungsmöglichkeiten, Qualitäts- und Verbesserungsorientierung, Güte der Kommunikation, Form der Kooperation etc. Die Liste könnte den Eindruck vermitteln, dass virtuelle Teams im Großen und Ganzen gleich funktionieren und damit gleich zu führen sind wie Präsenzteams. Der Unterschied liegt eher im Detail, unterhalb der Ebene der üblichen Domänenetiketten wie ‚Kommunikation', ‚Kooperation', ‚Commitment', ‚Motivation' etc. Und so werden eher Erkenntnisse zu einzelnen Aspekten den Weg zur erfolgreichen virtuellen Kooperation aufweisen als die Hoffnung, „neue" Kompetenzdomänen virtueller Kooperation zu finden.

Stellvertretend für andere soll hier knapp der „integrative Ansatz" von *Mortensen et al.* (2010) angeführt werden, der auf einer Basis von 97 empirischen Untersuchungen zu virtuellen Teams, die zwischen 1990 und 2008 veröffentlicht wurden (wobei ca. die Hälfte experimentell und an die zwei Drittel mit Studierenden durchgeführt wurden, was auf gewisse methodische Probleme der empirisch gestützten Erkenntnis zu virtuellen Teams hinweist): Sie haben (wie bereits andere Autoren) festgestellt, dass sich zwar kritische Faktoren identifizieren lassen, aber die genauen Zusammenhänge zwischen deren Gestaltung/Ausprägung und Erfolg weiterhin unklar bleiben. Ihr Modell der Voraussetzungen von Effektivität virtueller Teams ist in Abb. 1 zu finden.

Es scheint auch einfacher zu sein, kritische Faktoren zu benennen, die Einfluss auf die Leistungs- (und Zufriedenheits-)Ergebnisse von virtuellen Teams nehmen, als das jeweils angemessene Verhalten oder Vorgehen als erfolgversprechende Ausgestaltung dieser Faktoren zu definieren. Führungskräfte sind auch bei Kenntnis der relevanten und kritischen Faktoren häufig genug ohnehin nicht in der Lage, die Komplexität der Situation, in der sie agieren müssen, zu durchschauen (*Braitenberg*, 1984; *Dörner*, 2008), umso weniger mit den ihnen zur Verfügung stehenden Mitteln zu optimieren. Dem Erfolg evtl. entgegenstehende Rahmenbedingungen (Wirtschaftslage, Ressourcenverfügbarkeit, Unternehmenskultur etc.) als auch interne Aspekte des Teams (Zusammensetzung der Gruppe etc.) sind häufig nicht über Führungsinterventionen zu beherrschen – das anzunehmen hieße, die Möglichkeiten, die Führungskräfte haben, falsch einzuschätzen.

Dabei mag das Verhalten der Führungskräfte in als erfolgreich wahrgenommenen Episoden sich auffällig von dem in solchen Episoden unterscheiden, in denen eklatanter Misserfolg gesehen wird. Aber ob dieses Verhalten der Führungskraft das nächste Mal wieder ein (solcher) Erfolg wird, ist damit nicht gesichert. Ein Vergleich des Erfolgs in Präsenzteams vs. virtuellen Teams wäre ohnehin nicht sonderlich aussagekräftig, da virtuelle Teams wie erwähnt oft (nur) deshalb zusammengestellt werden, weil Präsenzteams als nicht möglich oder zu aufwändig gesehen werden. So sind Minderleistungen im Durchschnitt nicht nur anzunehmen, sondern kalkulierter und akzeptierter Faktor.

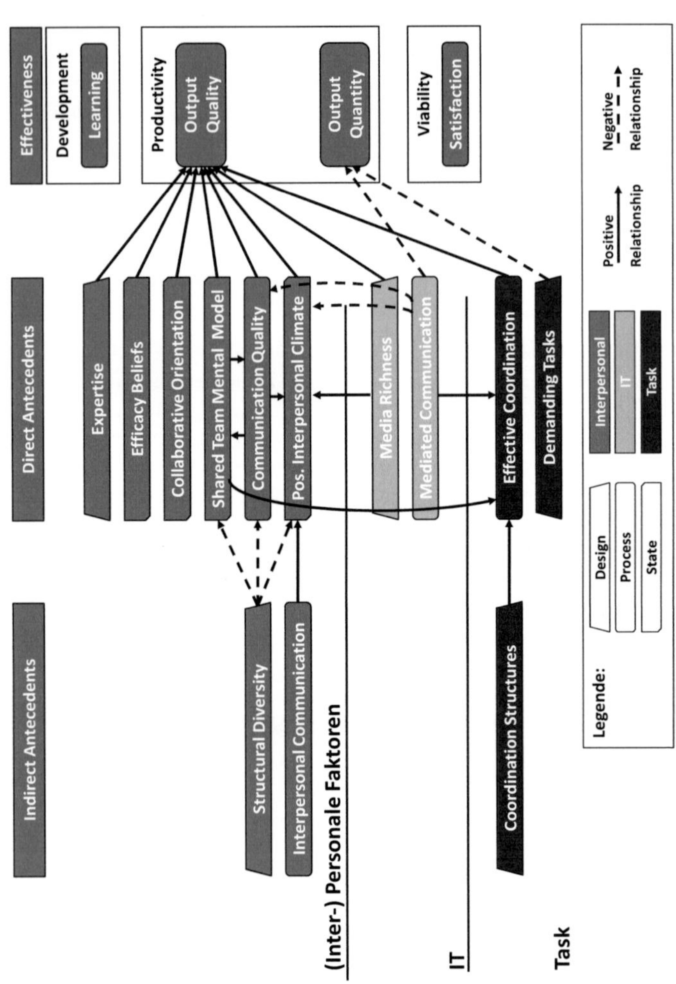

Abb. 1: Modell der Effektivität virtueller Teams von *Mortensen et al.* (2010).

Von daher ist es folgerichtig, diejenigen Faktoren zu identifizieren, die erfolgskritisch sind und den Führungskräften einzuräumen, diese auf den aktuellen Fall bezogen zu gestalten. Ob das Führungskräften virtueller Teams häufiger oder seltener gelingt, als Führungskräften von Präsenzteams wäre die eigentliche Frage. Würde virtuelle Kooperation *zusätzliche* Anforderungen stellen, wäre von geringerem Erfolg auszugehen, bei (lediglich) *veränderten* Anforderungen nicht unbedingt.

2.3 Besondere Koordinationserfordernisse virtueller Teams

Üblicherweise wird virtuelle Kooperation im Vergleich mit lokaler Kooperation als anspruchsvoller und komplexer dargestellt. Sie erfordere vor allem *mehr*, z.B. an Selbstorganisation, Selbstführung, Strukturierung des Aufgabengebiets und für Führungskräfte höhere und differenziertere Anforderungen und einen ungleich höheren Aufwand für die Organisation der Teamprozesse oder ein *hohes Niveau* (wohl im Vergleich zur Präsenzkooperation), z.B. an intrinsischer Motivation, Disziplin und Ergebnisorientierung (z.B. *Lenz*, 2007; *Rack et al.*, 2011; *Hertel & Orlikowski*, 2012). Also wieder einmal nichts weniger als absolute Spitzenleute. Nur woher nehmen – bei gleichzeitig berufenem Fachkräftemangel durch demographischen Wandel, „Verfall der Arbeitsmoral“, Zunahme von psychischen Störungen durch Arbeit und Burnout und der beklagten Berufsunfähigkeit von Auszubildenden und StudienabsolventInnen?

Für virtuelle Teams und deren Mitglieder werden für gewöhnlich besondere oder zumindest spezifisch ausgeprägte Kompetenzerfordernisse formuliert (vgl. *Hertel et al.*, 2006):

- spezifische Kommunikationsanforderungen,
- Vertrauensbildung ohne routinemäßigen persönlichen Umgang,
- breiter Medieneinsatz,

- Kooperationsbewusstsein und -wille,
- interkulturelle Kompetenz,
- Selbstorganisation, Eigenverantwortlichkeit und Eigenmotivation.

Wesner (2008) stellt fünf Kompetenzfelder zusammen, die für die virtuelle Zusammenarbeit besonders aufmerksam zu beachten sind, sei es in der Zusammenstellung virtueller Teams, sei es bei deren Führung:

- Kenntnisse über die Organisation,
- Interkulturelle Kompetenz,
- Expertenkenntnis des Gegenstands und der Arbeitsinhalte,
- Kompetenz im Umgang mit Kooperationsmedien,
- Kompetenz in kooperativen Arbeitsprozessen.

Die Kompetenzfelder unterscheiden sich kaum von denen, die in lokaler Kooperation bedeutsam zu sein scheinen. Wichtig ist der Hinweis, dass diese in hervorgehobener Weise zu berücksichtigen sind (also keinen Unterschied, sondern eine Priorisierung darstellen). Eine effektive Führungskraft für Präsenzteams kann in virtuellen Teams scheitern, aber muss eine effektive Führungskraft in virtuellen Teams wirklich einfach eine „sehr gute Präsenzführungskraft + virtuelle Komponente“ sein? Kann es keine effektiven Führungskräfte auf Distanz geben, die in Präsenzteams nicht sonderlich erfolgreich sind? Das scheint unwahrscheinlich – wurde aber so noch nicht untersucht. Warum also die Suche nach *mehr* und nicht nach *anders ausgeprägten* Kompetenzen? Zumindest *Orlikowski, Hertel & Konradt* (2004, S. 33; vgl. auch *Hertel et al.*, 2005) kommen in einer Interview- und Fragebogenuntersuchung zu Führung und Erfolg in virtuellen Teams anhand 31 Fällen zu dem Schluss, dass sowohl hinsichtlich des Teamerfolgs als auch der Arbeitszufriedenheit der Teammitglieder „…in erfolgreichen virtuellen Teams keine grundsätzlich neuen Wege gegangen werden müssen, sondern dass zumindest teilweise auf bekannte Führungsstrategien … zurückgegriffen werden kann“.

2.4 Führungsaufgaben in virtuellen Teams

Jedenfalls sind im virtuellen Kontext einmal mehr Veränderungen in den Führungsaufgaben festzustellen. Das Bild der Führungskraft als KoordinatorIn, KommunikatorIn, KontrolleurIn, EntscheiderIn, aber auch MotivatorIn, UnterstützerIn und ModeratorIn des Teams wird dabei nicht grundlegend verändert. Form und Schnittstellen der Aktivitäten unterliegen aber so starken Veränderungen, dass sich ein eigenes Forschungsfeld zur Führung von mediengestützten Teams gebildet hat. Führung im virtuellen Raum wird insbesondere charakterisiert als (vgl. *Avolio et al.*, 2001; *Hertel et al.*, 2006; *Malhotra et al.*, 2007; *Levasseur*, 2012):

1. Kommunikation anbieten, unterstützen und sichern
2. Strukturen bieten und einfordern
3. Vertrauen haben, Vertrauen demonstrieren und herstellen; den Teamprozess gestalten, soziale Motivation aufbauen
4. Effiziente Kontrolle gestalten angesichts differenzierten Verlusts und Gewinns von Kontrollmöglichkeiten
5. Akzeptanz und Gestaltung von verstärkter Mitarbeiterpartizipation und -autonomie
6. verstärkte Aktivität hinsichtlich Mitarbeiterdiversität

Diese Handlungsschwerpunkte weisen teilweise in konträre Richtung (Vertrauen vs. Kontrolle, Strukturen fordern vs. Mitarbeiterautonomie), wodurch sie kaum in einfache und eindeutige, immer geltende Rezepte zu überführen, sondern je nach konkreter Konstellation abzuwägen sind. Auf sie soll im Folgenden genauer geschaut werden, um Rolle und Aufgaben von Führungskräften in verteilten Teams genauer zu fokussieren.

Kommunikation

Die Führungskraft hat nach einhelliger Ansicht in Forschung und Praxis in virtuellen Teams dafür Sorge zu tragen, dass Kommunikationsgelegenheiten geschaffen und genutzt werden:

- Dabei geht es einerseits darum, einen möglichst effizienten Einsatz der zur Verfügung stehenden Medien zu sichern. Dazu gehört, die entsprechende *Medienkompetenz* der Teammitglieder durch Auswahl, Entwicklung und Motivation bereitzustellen und

auf *Technologiebasis* Zuverlässigkeit, Alternativen und Angemessenheit der Auswahl der Medien zu betreiben (z.B. entsprechend der *Media-Richness-Hypothese*, s.u.).
- Andererseits geht es darum, im Prozess der Aufgabenbearbeitung routinemäßige *Kommunikationsgelegenheiten* zu schaffen und zu sichern.

Seit den 1970er Jahren wird interdisziplinär untersucht, wie die Zusammenarbeit in Arbeitsgruppen oder Teams durch Informations- und Kommunikationstechnologie unterstützt werden kann (vgl. *Reichwald et al.,* 2000). Zur Kommunikation in virtuellen Teams können viele verschiedene Medien und Technologien verwendet werden (Telefon, Internet, E-Mail, Webkonferenzen, Groupware, Fernzugriff etc., vgl. z.B. *Thissen, Jean, Madhavi & Toyia*, 2007). Die Interaktion kann synchron oder asynchron verlaufen: Synchrone Interaktion findet statt, wenn Teammitglieder zur gleichen Zeit kommunizieren und Dialoge stattfinden wie in Präsenz-Situationen. Interaktion ist asynchron, wenn die Teammitglieder zu unterschiedlichen Zeiten kommunizieren, wie das üblicherweise per E-Mail oder in Diskussionsforen geschieht. Asynchrone Interaktion verläuft erheblich langsamer als synchrone aber auf der anderen Seite ist sie unabhängig von den unterschiedlichen Zeitzonen auf der Erde und damit den Aktivitätszeiten der KommunikationspartnerInnen. In dringenden Fällen kann sich ein über die ganze Welt verteiltes Team zu einem synchronen Austausch treffen, das ist dann üblicherweise für einige der Mitglieder mit den hohen Kosten der Nachtarbeit verbunden. Aber es wäre noch teurer, sich durch eine Reise rund um die Welt persönlich zu treffen. So wird zu entscheiden sein, welche Aufgaben oder Phasen von Aufgaben mittels asynchronem, synchronem oder direktem Kontakt behandelt werden sollen.

Für Kommunikation in virtuellen Teams im Vergleich zu Präsenzteams ist auch (und als Folge medialer Vermittlung) charakteristisch, dass sie fast ausschließlich *formal* und *explizit* abläuft. Informelle Gespräche auf dem Gang, in denen Einiges an Klarstellungen, Abstimmungen oder Problemklärungen stattfinden kann, fehlen fast völlig. Die gesamten nonverbalen Anteile der Kommunikation, die in der menschlichen Interaktion zentrale Bedeutung haben, sind je nach Medium nicht oder nur eingeschränkt vorhanden (soziale Verarmung der Kommunikation durch Medieneinsatz; vgl. *Kiesler, Siegel & McGuire*, 1984; *Wood & Smith*, 2004) und daher müssen diese Informationen (fast) alle im Rahmen sprachgebundener Explikation vermittelt werden. Diese ist routinemäßig nicht allzu präzise, da sich im Normalfall Jeder auf zusätzliche nonverbale Informationen von Mimik und Gestik stützen kann (*Mehrabian*, 1972). Der Verlust von sozialen und nonverbalen Signalen sowie informellen Gesprächen bei zufälligen Begegnungen macht aus medialer Kommunikation die etwas seltsame Erfahrung, viele Informationen, die in face-to-face-Kontakt implizit übertragen werden können, explizieren zu müssen. Der daraus resultierende Zwang zur Deutlichkeit kann dazu beitragen, dass Informationen durch umfangreichen Austausch von langen Nachrichten, die an die Stelle der sonst üblichen kleinen Geste treten, überfrachtet sind. Oder im Gegenteil kann Kommunikation durch die ungebrochene Explikation ohne weitere soziale Einbettung sehr hart ankommen und den Interaktionspartner durch ihre Direktheit sozial beeinträchtigen, was schnell zu Fehlinterpretationen und Konflikten führen kann. Andeutungen, Humor, Ironie und eine Menge anderer Kommunikationstechniken funktionieren zumindest zu Beginn des Lebenszyklus‘ virtueller Teams nicht – oder nie. Dennoch eröffnet medial vermittelte Kommunikation Möglichkeiten, Rollen und Normen sowie Sympathie und ein Gefühl von Zusammenhalt und sogar Zusammengehörigkeit zu entwickeln: So verweisen *Hunsaker & Hunsaker* (2008) darauf, dass die Feststellung, Anerkennung und Feier von Gruppenerfolgen zur Kohäsion auch und vor allem in virtuellen Teams beiträgt. Hierbei ist es im Wesentlichen die Führungskraft, die das initiiert oder vernachlässigt (vgl. *Handy*, 1995).

Zumindest unter Laborbedingungen lässt sich zeigen, dass z.B. emotionale Ansteckung oder auch die Personenwahrnehmung bei sozial armen Medien wie E-Mail durchaus möglich ist (*Cheshin, Rafaeli & Bos*, 2011; *Taesler & Janneck*, 2010). So können z.B. Konflikte, die entstehen, wenn Unklarheiten oder Uneinigkeit hinsichtlich Aktivitäten, die erforderlich sind, um die Aufgabe zu erfüllen, sowohl durch Kommunikationstechnologie als auch durch die Führungskraft reduziert werden (*Wakefield, Leidner & Garrison*, 2008). Die Führungskraft kann also sowohl indirekt über die Beeinflussung der Mediennutzung als auch direkt über konfliktbezogene Kommunikation auf Konfliktdynamik einwirken.

Damit die Arbeitsleistungen der Mitglieder koordiniert werden und bleiben, ist trotz erweiterter Selbstorganisation, Vertrauensbildung und expliziter Aufgabenzuteilung darauf zu achten, dass die Kommunikation nicht abbricht und auf diese Weise schließlich die individuellen Leistungen der Teammitglieder auseinanderdriften. Weil die Kommunikation ein kritischer Faktor virtueller Teams ist, sollte die Führungskraft Austauschmöglichkeiten zeitlich und medial genau benennen und eröffnen. Bilaterale Telefongespräche mit den einzelnen Teammitgliedern so häufig wie möglich, wöchentliche Telefon- oder Videokonferenzen für das Gesamtteam und face-to-face Treffen zu bestimmten Meilensteinen sind wesentliche Elemente (*Köppel & Sattler*, 2009). Es wird empfohlen, Routinesitzungen anzuberaumen, die auch stattfinden, wenn niemand expliziten Bedarf vorab anmeldet und auch, dass Kommunikationsräume geschaffen werden, in denen sich Teammitglieder ohne Anwesenheit oder Zugang der Führungskraft austauschen können (*Hunsaker & Hunsaker*, 2008).

Es ist eine anspruchsvolle Aufgabe der Führungskraft, für jeweilige Kommunikationsanlässe angemessene Kommunikationsmedien auszuwählen, vorzuschlagen und ggfs. einzufordern. Aus Perspektive des Media-Richness-Modells (*Trevino, Lengel & Daft*, 1987; vgl. *Riethmüller & Boos*, 2011; *Scheck, Allmendinger & Hamann*, 2008) bzw. der Theorie der Mediensynchronizität (*Dennis & Valachich*, 1999) sind unterschiedliche Medien unterschiedlich geeignet, für bestimmte Aufgaben eingesetzt zu werden. Der „Reichtum" der Medien bestimmt sich durch die Anzahl und soziale Anmutung der Kommunikationskanäle. So weist eine E-Mail (verbaler Ausdruck) einen geringeren Reichtum auf als ein Telefonat (verbaler und paraverbaler Ausdruck) und dieses weniger als eine Videoübertragung (verbaler, paraverbaler und nonverbaler Ausdruck). Komplexere Aufgaben benötigen demnach „reichere" Medien und je nach Aufgabentyp (divergent oder konvergent) sind jeweils dazu passende Medien hilfreicher (vgl. Tab. 2):

Situationsspezifika	Auswirkungen auf Kommunikationsmedien
Je komplexer ein Thema, …	… desto reichhaltiger sollte das Medium sein.
Je höher die aufgabenbezogene Abhängigkeit der Teammitglieder, …	… desto häufiger sollte kommuniziert werden.
Je größer die kulturelle oder berufsbezogene Heterogenität im Team, …	… desto reichhaltiger sollten die Medien sein.
Je ähnlicher die Ansichten und je klarer die Ziele, …	… desto einfacher kann das Medium sein.
Wenn reichhaltige Medien nicht erforderlich sind, …	… dann sollte das ökonomischste Medium gewählt werden.
Verbleibende Wahlmöglichkeiten bzgl. Kommunikationsmedien werden durch persönliche Präferenzen bestimmt.	

Tab. 2: Implikationen auf Basis des Media-Richness-Modells (nach *Hertel & Orlikowski*, 2012).

Zuletzt soll noch auf einen scheinbar paradoxen Effekt online-vermittelter Kooperation eingegangen werden, mit dem sich die Führungskräfte virtueller Teams auseinanderzusetzen haben. Es besteht die Gefahr, dass zum Eindruck sozialer Isolation durch geringen persönlichen Austausch der Eindruck einer Überlastung durch eine Masse an Informationen durch zu viele und zu detaillierte Nachrichten entsteht. Dadurch, dass beliebig umfangreiche Nachrichten ohne größeren Aufwand an beliebig viele Personen vermittelt werden können, kann die *Informationsflut* epidemische Ausmaße annehmen (vgl. *Rack et al.*, 2011). Sie kann sowohl zu quantitativer wie zu qualitativer Überforderung der Teammitglieder führen, die viele Nachrichten lesen, die nicht für sie relevant sind und in dieser Masse möglicherweise relevante Information übersehen. Diese Flut einzudämmen oder zumindest zu kanalisieren ist keine triviale Aufgabe (vgl. *Jones, Ravid & Rafaeli*, 2004): z.B. Anzahl, Länge und Detailliertheit angemessen zu halten oder nur die Personen anzuschreiben, die mit der Nachricht wirklich etwas zu tun haben, statt eine Antwort routinemäßig an alle zu senden *(reply to all)* und bei jeder Nachricht viele andere Personen nachrichtlich auf den Verteiler zu setzen *(cc)*. Die MitarbeiterInnen sollten sie in der Lage sein bzw. durch geeignete Einflussnahme der Führungskraft dahin gebracht werden, ihre Kommunikation quantitativ und qualitativ auf die Erfordernisse der Teamarbeit einzustellen (*Schaper*, 2011).

Strukturen

Bereits *Kozlowski, Gully, Salas & Cannon-Bowers* (1996) beschreiben als wichtige Aufgabe von Führungskräften virtueller Teams, dass sie die Rahmenbedingungen schaffen und sichern sollen, innerhalb derer die Teammitglieder in der Lage sind, ihre Arbeit als Team soweit wie möglich selbst zu regulieren, da

- die Kontrolle ohnehin erschwert ist,
- die Führungskraft häufig gar nicht die fachliche Expertise hat, die Arbeit der Mitglieder effizient konkret anzuweisen und
- dies dem Selbstverständnis der Teammitglieder nach motivierender und selbstbestimmter Arbeit entgegenkommt.

Dafür haben sie klare Richtungsweisung zu geben und spezifische, individuelle Ziele zu formulieren (z.B. *Köppel & Sattler*, 2009), damit den Mitgliedern und dem Team als Ganzes ermöglicht wird, ihr Handeln zielorientiert zu koordinieren. Der Führungskraft obliegt die Prozessgestaltung; dies bedeutet, initiativ zu wirken, aber die Sachkompetenz für die Aufgaben bei den Experten, d. h. den Teammitgliedern, zu respektieren. Die Notwendigkeit, zu Beginn Ziele, Aufgaben, Rollen und Meilensteine zu klären, besteht für virtuelle Teams in erhöhtem Maße und nur eine gemeinsame Abstimmung bewirkt das notwendige Commitment bei den Mitgliedern. Dabei sollten Regeln zur Zusammenarbeit und zum Austausch vereinbart werden. So sollte durch die Führungskraft unterstützt und geleitet u. a. abgestimmt werden, welche Medien für welche Information genutzt werden, in welchen Intervallen über welches Thema kommuniziert wird und welche Schritte bei Unklarheiten zu unternehmen sind.

Die Führungskraft hat dabei darauf zu achten, dass die Abstimmung stets zielbezogen erfolgt. Die Planungsergebnisse und Regeln sind zu dokumentieren und der Führungskraft obliegt es im weiteren Verlauf, darauf zu achten, dass sie selbst und die Teammitglieder die Regeln einhalten. Manche Arbeitsschritte brauchen eine weitere Spezifikation oder Anpassung an veränderte Umstände. Auch hier sollte die Führungskraft von zentralen Vorgaben absehen und die jeweiligen Verantwortlichen im Team dazu auffordern, Vorschläge zu unterbreiten und umzusetzen. Wenn Teammitglieder vom Plan oder der Regel abweichen, muss die Führungskraft im jeweiligen Einzelfall die Hintergründe eruieren und die Betreffenden wieder integrieren.

Die Führungskraft kann durch eine entsprechend gestaltete Startphase der Zusammenarbeit entscheidend zum Erfolg des Teams beitragen (vgl. *Govindarajan & Gupta*, 2001; *Orlikowski, et al.*, 2004; *Hertel et al.*, 2005; *Duarte & Snyder*, 2006), gerade wenn der weitere Verlauf der Teamkooperation durch starke Partizipation oder verteilte Führung (vgl. Abschnitt 1) geprägt wird. Eine Kick-Off-Veranstaltung in Präsenz, in der die Ziele klargemacht werden, explizit Rollen, Aufgaben und Verantwortlichkeiten verteilt und die Mitglieder darauf verpflichtet werden; in der die Führungskraft fördert, dass die Mitglieder sich untereinander kennen lernen und Regeln für dem Umgang miteinander in Routine- und auch in Konfliktfällen vereinbart werden, gilt als erfolgskritisch. Die Entwicklung von Routinen ist für die alltägliche Kooperation zentral, denn sie automatisieren das tägliche (Kooperations-)Verhalten, bringen so gegenseitiges implizites Verständnis und beugen ständigen Diskussionen über Abläufe und Schnittstellen vor (*Gersick & Hackman*, 1990; *Bell & Kozlowski*, 2002; vgl. *Hunsaker & Hunsaker*, 2008). Die Führungskraft kann im Kickoff-Meeting den Grundstein für diese Routinen legen. Hier sollten auch neue Kommunikationsmedien und Groupware vorgeführt werden, in die die Teammitglieder sich später noch einzuarbeiten haben.

Zu häufig wird auf ein erstes gemeinsames Treffen aller Teammitglieder verzichtet, weil die aufwändige Logistik und die hohen Kosten gescheut werden. Praxis und Forschung sind sich jedoch einig, dass dies auf keinen Fall geschehen sollte (z.B. *Hertel et al.*, 2005; *Köppel*, 2007). Neben den prozessualen Aspekten bietet es den KollegInnen eine der wenigen Möglichkeiten, sich persönlich kennenzulernen, Vertrauen aufzubauen und zu beginnen, sich als Team zu fühlen. Eine Kick-Off-Veranstaltung in Präsenz hat auch eine nicht zu unterschätzende Symbolkraft und wirkt weit in die zukünftige Zusammenarbeit hinein.

Vertrauen und soziale Motivation

Der Aspekt des Vertrauens wird bei der Führung von und Kooperation in virtuellen Teams häufig besonders hervorgehoben (z.B. *Lipnack & Stamps*, 1998; *Jarvenpaa*, 1998; *Büssing*, 2000; *Handy*, 1995). Es gilt als wichtig für Kooperation, da es einerseits arbeitsteilige Prozesse über Schnittstellen hinweg flüssiger macht und andererseits Doppelarbeit reduziert. Lässt ein Teammitglied so lange die Arbeit liegen, bis von den anderen die explizite Rückmeldung kommt, dass sie ihre Teilaufgabe bearbeitet haben, ist keine parallele Bearbeitung verschiedener Teilaufgaben möglich. Die Koordination fällt somit zurück auf die alte Form der Weitergabe von Zwischenprodukten, die dann weiter bearbeitet werden, statt die Potenziale kooperativen Handelns zu nutzen. Unter Vertrauensbedingungen können die MitarbeiterInnen am Ball bleiben, da sie sich darauf verlassen können, dass die anderen das auch tun und deshalb die eigene Tätigkeit effizient bleibt.

Köppel (2007) sieht im Kontext virtueller Teams als Voraussetzungen von Vertrauensbildung:

- das Ausmaß der Vertrauensneigung, also eine persönlichen Disposition;
- die Einschätzung der Vertrauenswürdigkeit des Interaktionspartners, wobei diese vor allem durch Faktoren bestimmt werden wie die Wahrnehmung von deren
    - Fachkompetenz,
    - Leistungsbereitschaft,
    - Absichten,
    - persönlichen Eigenschaften,
    - Gruppenzugehörigkeiten (wie z.B. Kultur, Unternehmen, Abteilung etc.),
    - Verhaltenskonsistenz,
    - auf die beobachtende Person bezogenen Handeln;
- das Vorliegen (oder Schaffen) von Umständen, die es erlauben, dass sich rekursiv über häufig zufällige Verhaltensweisen Vertrauen entwickeln kann.

Es herrscht eine gewisse Einmütigkeit in der Forschung darüber, dass die Entwicklung von Vertrauen als wesentlich erschwert gilt, wenn wenig unmittelbarer Kontakt, vor allem auch informeller Natur, besteht (z.B. *Hinds & Weisband*, 2003; *Köppel*, 2007). Informelle Kontakte geben Menschen den Eindruck, die andere Person einschätzen und ihr Verhalten vorhersagen zu können. Gerade diese Kontaktmöglichkeiten sind in virtueller Kooperation erschwert. Diesem Sachverhalt ist durch die Führungskräfte in virtueller Kooperation besondere Aufmerksamkeit zu schenken.

In diesem Zusammenhang gilt ein weiterer Effekt als wirksam: Organisationale Bindung (*Mowday, Porter & Steers*, 1979; *Allen & Meyer*, 1990; *Moser*, 1996; *Felfe, Six, Schmook & Knorz*, 2002; *Meyer et al.*, 2002) gilt als verbunden mit Vertrauen: affektives Commitment (also eine emotionale Bindung) als positiv, kalkulatorisches Commitment (also eine materielle Kosten-Nutzenabwägung der Mitgliedschaft) als negativ korreliert (*Büssing, Drodofsky & Hegendörfer*, 2003). Organisationale Bindung allerdings scheint unter virtuellen Bedingungen durch die geringe Beteiligung am unmittelbaren betrieblichen Geschehen häufig geschwächt zu sein (s.o.). Über das verringerte Commitment scheint also wiederum die Vertrauensbildung zu leiden. Andererseits bietet virtuelle Kooperation auch Formen der Zusammenarbeit, die die Bindung zur Organisation auch stärken können, wie z.B. Telearbeit, die eine verbesserte Vereinbarkeit von Familie und Beruf ermöglicht. Virtuelle Kooperation kann die Zeitautonomie erhöhen, was mit gesenkter Fluktuation und erhöhter – auch affektiver – Bindung einhergehen kann. Zusammenfassend betonen *Hunsaker & Hunsaker* (2008), dass Führungskräfte in virtuellen Teams die Mitglieder motivieren müssen, sich mit dem Team zu identifizieren, ein Zusammengehörigkeitsgefühl vermitteln sollten, insbesondere, wenn das Team unter hohem Erfolgs- und Zeitdruck arbeitet und verweisen auf viele entsprechende Untersuchungsergebnisse (z.B. *McGrath*, 1984; *Hackman & Walton*, 1986; *Kozlowski et al.*, 1996).

Zur breiter angelegten Teamentwicklung in virtuellen Arbeitsfeldern schlagen z.B. *Köppel & Sattler* (2009) vor:

- Präsenz-Kick-off,
- regelmäßiger Austausch,
- Teambonusregelungen,

- gemeinsame Schulungsmaßnahmen,
- soziale Events bei jedem persönlichen Treffen,
- Small Talk ermöglichen,
- Dienstreisen des Teamleiters und der Teammitglieder zu anderen Teammitgliedern,
- gemeinsame Teilprojekte, um die Interdependenz zwischen zwei Kollegen an zwei unterschiedlichen Standorten zu erhöhen.

Die Maßnahmen förderten Teamkohäsion und Vertrauensaufbau und basieren hauptsächlich auf der Integration informeller und personenbezogener Aspekte. Weitere Maßnahmen zur Vertrauensgenerierung sind es, Hinweise zur Vertrauenswürdigkeit von Kooperation, Arbeitsteilung, KollegInnen und der Führungskraft selbst zu liefern (*Nooteboom*, 2002). Die Führungskraft hat auch Strukturen zu bieten (s.o.), die bei der Arbeit Vertrauen fördern. Sie kann Termine bieten, verhandeln und überprüfen. Aufgaben sind explizit zuzuteilen und deren Erfüllung / Umsetzung zu sichern, z.B. über regelmäßige Rückmeldung transparent zu machen. Aufgabenbereiche sind persönlich zuzuordnen, um Effekte des *social loafing* (soziales Faulenzen; *Latané, Williams & Harkins*, 1979; vgl. *Fiske & Taylor*, 2013) zu unterbinden, das sich im virtuellen Raum ohne ständige Überwachungsmöglichkeit geradezu anbietet.

Kontrolle

Es gibt auch einige zusätzliche Verwerfungen hinsichtlich des traditionellen Bilds der Führung. Führungsaspekte in virtuellen Teams sind stärker verteilt als in face-to-face-Teams. Wenn die Führungskraft nicht alltäglich kontrollieren oder überwachen kann, was ihre Teammitglieder tun, sollten Entscheidungen gefällt werden, wie damit umzugehen ist (*Yukl*, 2010, S. 370). Soll sie versuchen, mit technischen Mitteln, viel Berichterstattung und häufigen Kontakten alltägliche Kontrolle aufrecht zu erhalten? Oder sollen die Mitglieder dahin gehend entwickelt werden, dass sie stärker selbstorganisiert und selbstgeführt arbeiten? Die technischen Möglichkeiten machen ständige automatische Kontrollen der einzelnen MitarbeiterInnen oder des gesamten Teams möglich. Dieses *Electronic Performance Monitoring* (z.B. Messung von Log-in-Zeiten, Auszählen von Beiträgen und Verfolgen der Bildschirmaktivitäten) kostet die Führungskraft bei Kontrolle der einzelnen Teammitglieder viel Zeit und liefert die MitarbeiterInnen einer extremen Überwachung aus. Diese führt letztlich zumindest bei hochqualifizierten Teammitgliedern, die an anspruchsvollen und komplexen Aufgaben arbeiten und über ein entsprechendes Selbstverständnis verfügen, zu Stressempfinden, Zufriedenheits- und Motivationsbeeinträchtigungen und damit letztlich Leistungseinbußen (vgl. *Aiello & Kolb*, 1995): Die Überwachung ist technisch total und führt zu entsprechender Reaktanz. Es gibt zwar auch Studien, die Hinweise darauf liefern, dass, falls es gelingt, die Überwachung als Maßnahme zur Kompetenzförderung der Teammitglieder zu vertreten, diese negativen Effekte möglicherweise nicht eintreten – im Gegenteil sogar zu Verbesserungen führen können, auch hinsichtlich Vertrauens zur Führungskraft und in die Gleichbehandlung der Mitarbeiter durch das Unternehmen (*Aiello & Kolb*, 1995; *McNall & Roch*, 2009; *Bartels & Nordström*, 2012). Es handelt sich dabei aber fast ausschließlich um experimentelle Untersuchungen unter Laborbedingungen und untersuchen einfache, jedenfalls im Verhältnis zu realen Teamaufgaben unterkomplexe, Aufgaben.

Scholz (2001) rät zu einer „weichen Integration" der Teammitglieder in virtuellen Teams: Es sollten möglichst wenig technisch-bürokratische Mechanismen und stattdessen kulturell-visionäre „Verklammerung" angestrebt werden. Das wäre auch hilfreich, um die Zentrifugalkräfte in solchen Teams durch verschiedene Expertise, räumliche Trennung und geringe Verbundenheit im Team abzumildern. Die Führungskraft steht vor dem Dilemma von Selbstorganisation der MitarbeiterInnen vs. Strukturierung durch die Führungskraft, von Vertrauen mit seinen Potenzialen hoher Leistung durch Motivation und Kreativität der MitarbeiterInnen vs. Kontrolle und ihrer Macht, Leistungszurückhaltung und Pflichtvernachlässigung zu identifizieren und zu ahnden. Die Führungskraft kann ihr Teil dazu beitragen, eher die Potenziale zu nutzen, indem sie die Kompetenzen der MitarbeiterInnen stärkt, ihre Motivation und Bindung an die gemeinsame Aufgabe und vielleicht sogar an das Team zu unterstützen, indem sie Strukturen bietet, die es den MitarbeiterInnen ermöglichen, ihre Kompetenzen motiviert einzusetzen. Und sie muss sicherstellen, dass es Instanzen gibt, die nicht-unternehmenszieladäquaten Entwicklungen steuern können: sei es im verteilt geführten Team oder letztlich in der eigenen Funktion als TeamleiterIn. Das genannte Dilemma führt zur nächsten Aufgabe von Führungskräften in virtuellen Teams.

Mitarbeiterautonomie

Die Merkmale der Kontrollsituation für die Führungskräfte tragen neben anderen Aspekten des Settings dazu bei, dass in virtuellen Teams Führung breiter aufgesetzt ist als in traditionellen Teams. Bei verteilter Führung bekommen die Gewichtung von interaktionaler Führung (Führungskraft – Mitarbeiter), struktureller Führung (durch Organisation, Systeme und Kultur), selbstbezogener Führung und teambasierter Führung (Verteilung von fachlichen Führungsaufgaben auf mehrere Teammitglieder) gegenüber lokalen Teams eine Umgewichtung (*Hoch et al.,* 2007). Interaktionale Führung ist durch die Einschränkung ihrer niedrigschwelligen Handlungsmöglichkeiten im medialen Raum stärker auf moderierende und strukturierende Aufgaben beschränkt, während die Relevanz der anderen Aspekte der Führung in virtuellen Teams systematisch erhöht ist. Das geht einerseits mit veränderten Kompetenzanforderungen für die Teammitglieder, andererseits veränderten Funktionen (und damit schließlich auch Kompetenzen) der Führungskräfte, einher.

Da virtuelle Teams zumeist aus Mitgliedern hoher Expertise in ihren Feldern zusammengesetzt sind, ist es sinnvoll, diese zumindest stark dahingehend einzubinden, wie sie ihre Aufgaben erledigen, da die Führungskraft in dieser Hinsicht daneben, dass sie fachlich wenig beitragen kann, ihre Anweisungen ohnehin kaum in einer Weise überprüfen könnte (und häufig auch gar nicht über die disziplinarischen Mittel dazu verfügt), die die MitarbeiterInnen nicht demotiviert. Zielvereinbarungen mit Einzelnen wie mit Subgruppen des Teams zu schließen, die sich dann in der Zielerreichung selbst organisieren, scheint eine angemessenere Vorgehensweise zu sein. Kombiniert damit, dass die Führungskraft sich um das gegenseitige Vertrauen der Mitglieder kümmert und eine dichte, zielorientierte Kommunikation aufrechterhält, begründet sie die Rahmenbedingungen für eine effiziente Kooperation. Teamleiter Innen können nur über Motivation die Teammitglieder zur Erledigung ihrer Aufgaben bringen. Andererseits weist nicht jede/r MitarbeiterIn das für virtuelles Arbeiten notwendige Maß an Selbständigkeit oder die Fähigkeit auf, die eigenen Aufgaben selbst zu strukturieren. Die Führungskraft sollte Aufgabenpakete und Verantwortungsgebiete auf die Fähigkeiten der MitarbeiterInnen zuschneiden und langsam steigern, die MitarbeiterInnen entsprechend coachen und ggfs. mit Trainings unterstützen (*Köppel & Sattler*, 2009).

Hinsichtlich Partizipation und Autonomie kann so möglicherweise deren systematische Ausweitung bei gleichzeitiger Einbettung in die Eigenverantwortung über die Führung und Koordination des Teams und die kooperative Auftragserledigung gesehen werden, frei nach der Formel: „Rechte für Pflichten – Pflichten sind auch Rechte".

Mitarbeiterdiversität

Typische Mitgliedervielfalt in virtuellen Teams bezieht sich neben der auch in lokalen Abteilungen und Teams vorzufindenden Diversität auf erhöhte kulturelle wie disziplinäre Vielfalt. Laboruntersuchungen stützen die Vermutung, dass virtuelle Teams tatsächlich stärker nach fachlicher Expertise zusammengesetzt werden, während in Präsenzteams stärker auf persönliche Passung der Mitglieder untereinander (z.B. Ähnlichkeit von Einstellungen, Geschlecht, kulturelle Herkunft, physische Attraktivität) geachtet wird (*DSouza & Colarelli*, 2010). Empirische Befunde aus effizienzorientierten Organisationen liegen dazu aber anscheinend noch keine vor, wenn auch üblicherweise von dieser Annahme ausgegangen wird. Erste Untersuchungen zur Passung von Persönlichkeitsmerkmalen und Aufgabeneinschätzungen durch die Teammitglieder zeigen differenzielle und schwache Zusammenhänge mit der Leistung der virtuellen Teams (*Turel & Zhang*, 2010).

Die Vielfalt führt zu Möglichkeiten interdisziplinärer und interkultureller Synergien, erfordert aber von den Mitgliedern interkulturelle wie interdisziplinäre Kompetenzen und von der Führungskraft, unterstützen zu können, dass aus Vielfalt Synergien werden. Die Beteiligten sollten – ggfs. durch die Führungskraft initiiert und moderiert – definieren, welche (kulturellen) Unterschiede sie konstruktiv für die Aufgabenerledigung nutzen können (z.B. spezielle Arbeitsweisen, Netzwerke, Kompetenzen) und welche Gemeinsamkeiten sie insbesondere zur Regelung der Kooperation benötigen (*Köppel & Sattler*, 2009). Die Führungskraft ist auch Instanz zur Gewährleistung kompetenzbasierter Kooperation, die nicht an sozialen Schemata und Kategorien scheitert. Sie kann das mittels direkten Eingriffen oder indirekten Maßnahmen wie entsprechender Aufgabenzuteilung, Vorbildfunktion und Steigerung der Diversity-Reife der MitarbeiterInnen (z.B. über Zuweisung entsprechender Entwicklungsmaßnahmen) umsetzen.

2.5 Abschluss

Führungskräfte haben in virtuellen Teams *anders konturierte* Aufgaben – wenn auch nicht völlig *andere* Anforderungen an sie gestellt werden. Führungserfolg und -misserfolg in virtuellen Teams kann systematisch anders zustande kommen als in traditionellen face-to-face-Teams und deshalb lohnt sich die Betrachtung des Feldes. Für die in der Führung traditioneller Teams sozialisierte Führungskraft kommt es zur Anmutung einer „anderen“ Führung und damit einer weiteren Komplexitätserhöhung von Führung insgesamt. Ob Führungskräfte, die vorwiegend in virtuellen Teams arbeiten *mehr* belastet sind und ein *komplexeres* Feld vorfinden als das face-to-face-Teams tun, ist noch nicht entschieden. Sicher ist, dass die „traditionelle“ Führung im virtuellen Setting eher nicht zu gleich guten Ergebnissen führt – ebenso dürfte es für „virtuelle“ Führungskräfte in traditionellen Settings sein.

Dass aber auch Führungskräfte und MitarbeiterInnen in virtuellen Teamsettings sich nicht *einig* zu sein brauchen darüber, was Teamerfolg befördert und was nicht, zeigt z.B. eine Querschnittsstudie von *Orlikowski et al.,* (2004), die bei 31 virtuellen Teams den Zusammenhang von eingesetzten Managementtechniken und Erfolg im Team beobachteten. Die Führungskräfte und die MitarbeiterInnen beurteilten dabei den Erfolg des Teams nicht sonderlich übereinstimmend (r = .35). Tab. 3 zeigt die Ergebnisse zu den Einschätzungen der Teammitglieder vs. der Führungskräfte:

	Teamerfolg beurteilt durch die Führungskräfte	Erfolg aus Mitglieder-perspektive	Mitarbeiter-zufriedenheit
Management by Objectives	*.41	**.69	**.76
Feedback	.12	**.64	**.90
Vorbereitungs-schulung	.23	**.42	**.61
Persönliches Kennenlernen	.29	*.30	**.58
Konfliktum-gangs-formen	.18	**.56	**.64
Gruppenbeloh-nung	**.46	.09	.03
Informelle Kommunikation	.19	*.44	*.32

Tab. 3: Einschätzungen von Führungskräften vs. MitarbeiterInnen zum Erfolg virtueller Teams nach *Orlikowski et al.* (2004).

In diesem Zusammenhang sind die auffälligen Perspektivunterschiede beim Einsatz der Techniken „Feedback", „Vorbereitung auf die virtuelle Kooperation", „Konfliktbehandlung", „Gruppenbelohnung" und „Informelle Kommunikation" interessant, die von Führungskräften und Teammitgliedern unterschiedlich beurteilt werden und was weiter zu untersuchen wäre hinsichtlich der Implikationen für den (Nicht-)Einsatz der entsprechenden Techniken in virtuellen Teams.

3 Change Management: Führung im organisationalen Wandel

Wandel in Organisationen ist ein selbstverständliches Phänomen und eine selbstverständliche Anforderung. Die Vorstellung einer Organisation, die unverändert die Zeiten überdauert, wurde (und wird) vor allem als Modell zur didaktisch reduzierten Darstellung in Lehrkontexten verwendet. Stabilität von Strukturen gilt als eine Grundlage des Erfolgs von Unternehmen, aber ebenso die Fähigkeit einer Organisation, sich an wandelnde Anforderungen anzupassen. Systemtheoretische Ansätze greifen diese beiden anscheinend antagonistischen Aufgaben auf. So geht z.B. *Parsons* (1951) davon aus, dass die vier Grundfunktionen zur Selbsterhaltung von Systemen die Aufrechterhaltung und Integration (also Stabilisierung) sowie die Zielverfolgung und Umweltanpassung (also Dynamik und Veränderung) sind. Der soziotechnische Systemansatz (*Emery & Thorsrud*, 1964; *Sydow*, 1985; vgl. *Ulich*, 2011) geht ebenso vom Stabilisieren und Anpassen als (Sekundär-) Funktionen von Arbeitssystemen aus. Erhaltung und Veränderung sind also keine einander ausschließenden Optionen, sondern es handelt sich um eine Frage der Relation, der Dynamik und der Abstimmung beider.

In der Praxis findet sich häufig eine gewisse Resistenz gegenüber (freiwilligen) Veränderungen und es fällt bei der innerorganisationalen Kommunikation häufig nicht leicht, zu vermitteln, wann und bis wohin Stabilität zu verfolgen ist und (ab) wann Veränderung und Wandel. Häufig wird eine Differenzierung vorgenommen: Im Schnittfeld mit der Umwelt (Märkte, Produkte, Gesetze) sind Veränderungen möglich, hinzunehmen oder sogar anzustreben, während im Inneren der Organisationen (Prozesse, Hierarchie, Routinen) Stabilität zu wahren versucht wird. Entsprechende Akzentsetzungen reduzieren die Unsicherheit bei der Auswahl und Begründung von Aktivitäten der Personen in Organisationen. Trotzdem ist Veränderung und Wandel eine vitale Aufgabe von Organisationen, die z.T. aus ihnen selbst heraus zur Anforderung wird: Auch wenn es eine stabile Umwelt gäbe, so sind allein durch die Reifung von Organisationen oder durch ihren Erfolg am Markt Veränderungen notwendig, um überhaupt eine Aussicht auf weiteren Erfolg zu haben. Es wirken also sowohl externe als auch interne Einflüsse darauf hin, dass Organisationen Veränderungen unterliegen oder aus Eigeninteresse Wandel betreiben.

Es stellt sich weniger die Frage, ob es solche Einflüsse, die einen Wandel erfordern, gibt, sondern vielmehr, welche Reaktionen, welche Veränderungsleistungen im Wandel erfolgversprechend sind. Übersichten zu solchen Einflüssen (z.B. *Jones & Bouncken*, 2008, S. 603 ff.; *Weibler*, 2012, S. 492 f.; *Oechsler*, 2011, Kap. 2) lesen sich wie Aufzählungen von Merkmalen der (Post-)Moderne, und in der Tat sind alle relevanten wirtschaftlichen, politischen, institutionellen, technischen, ökologischen und gesellschaftlichen Veränderungen mögliche Ursachen für Wandlungsprozesse in Organisationen. Abb. 2 kategorisiert mögliche Einflüsse, die auf Veränderungen in Organisationen hinwirken und nennt jeweils Beispiele.

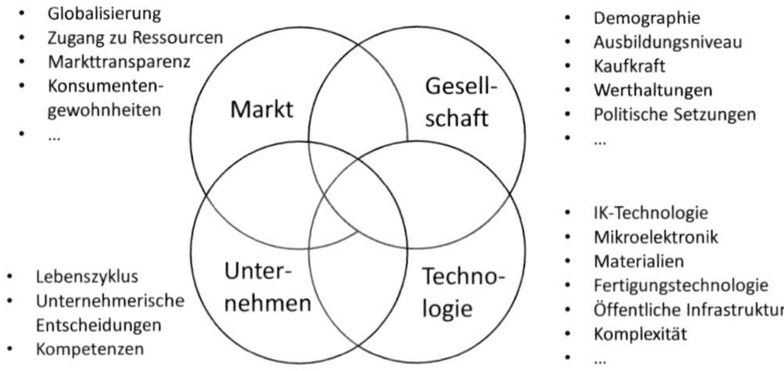

Abb. 2: Einflüsse auf Organisationen, die auf Veränderungen hinwirken.

Die Einflüsse wirken nicht alle gleichzeitig in gleichem Maß auf jede Organisation. Ferner sollte nicht davon ausgegangen werden, dass jede Herausforderung, jede Veränderung für sich abgearbeitet werden kann, um dann die nächste anzugehen. Das Feld zeichnet sich insbesondere dadurch aus, dass verschiedene Einflüsse gleichzeitig wirken und mit diesem Komplex insgesamt umzugehen ist. Dabei ist es nicht sicher, ob jeder Faktor immer wirkt und falls, ob er immer Reaktionen erfordert, und einzelne Faktoren können durchaus einander widersprechende Reaktionen nahelegen. In Organisationen laufen nahezu ständig gewollte und ungewollte Wandlungsprozesse ab. Sie sind oft nicht einfach zu kontrollieren oder gar zu lenken, manchmal werden sie gar nicht erkannt. Viele Organisationen stellen sich jedoch der Aufgabe, ihren Wandel (mit) zu gestalten, also geplanten organisationalen Wandel zu betreiben.

Die Existenz einer Organisation lässt sich nach weitgehender Übereinstimmung in der Organisationsforschung als ein Lebens- und Entwicklungszyklus ausmachen, den sie durchläuft. Das übliche, allgemeine Lebenszyklusmodell nimmt die Phasen

- Gründung,
- Wachstum,
- Reife,
- Rückgang,
- Auflösung

an (vgl. *James*, 1973; *Miller & Friesen*, 1980; *Jones & Bouncken*, 2008). Dabei wird davon ausgegangen, dass die Phasen absolut und relativ unterschiedlich lang andauern können und dass Zyklusabkürzungen dergestalt eintreten können, dass aus allen Phasen heraus ein unmittelbarer Übergang zur Auflösung erfolgen kann. Um regelhaft zur nächsten Phase zu gelangen, müssen die Herausforderungen gemeistert werden, die die jeweils davor liegende stellt.

Greiner (1972) hat ein Modell zum Wachstum von Organisationen vorgestellt, das weite Verbreitung gefunden hat. Es differenziert den Aufstieg einer Organisation in der Gründungs- und Wachstumsphase in fünf regelmäßige Stadien und beschreibt deren Merkmale und die Krisen, die die Phase zu ihrem Ende bringen. Wird die Krise nicht überwunden, wird sich die Organisation nicht weiterentwickeln oder sich sogar wieder auflösen. Es beschreibt auch die Herausforderungen, die mit der Krise verbunden sind, bei deren Lösung ein weiteres Wachstum der Organisation zu erwarten ist (Abb. 3).

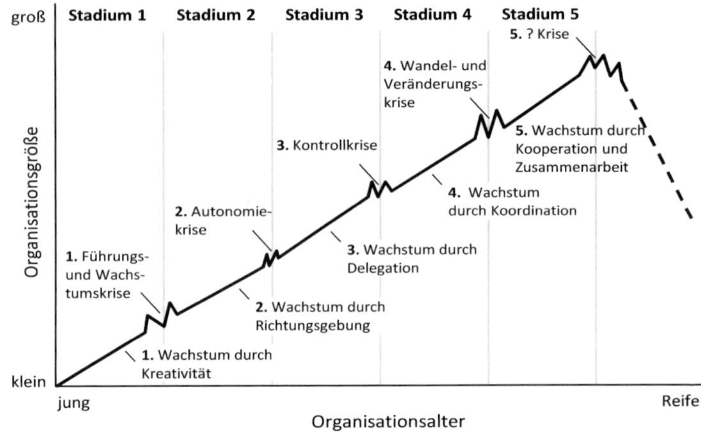

Abb. 3: Modell des Wachstums von Organisationen von *Greiner* (1972)

Nach dem fünften Stadium so *Greiner*, ist typischerweise die Reifephase der Organisation erreicht, der der Rückgang der Organisation folgen wird. Typische Probleme, die nicht hinreichend konstruktiv gelöst werden können und damit mit hoher Wahrscheinlichkeit zum organisationalen Rückgang führen, sieht er in

- zu starkem Wachstum, sodass die Organisation nicht mehr effizient ist,
- starken Umweltveränderungen, die hohe Anpassungs- und Entwicklungsanforderungen stellen und
- einer um sich greifende und nicht überwundenen Trägheit (in) der Organisation, die durch behagliches Einrichten in der bislang vorteilhaften Situation und das daraus resultierende Verteidigen von Besitzständen resultieren kann und die notwendige Entwicklungen und Anpassungen verhindert.

Für die Phase des organisationalen Rückgangs – ausgehend von der Reifephase – haben *Weitzel & Jonsson* (1989) ein entsprechendes Modell vorgestellt, wobei es eigentlich Hinweise geben soll, wie eine Organisation sich aus einem bereits eingesetzten Rückgang wieder auf ein Leistungsniveau der Reife bringen kann. Rückgang tritt demnach ein, sobald eine Organisation nicht mehr mit den (internen und externen) Kräften, die ihr langfristiges Überleben beeinflussen, konstruktiv umgehen kann, z.B. Ressourcen von ihren Stakeholdern (Banken, MitarbeiterInnen, Führungskräfte, Kunden) zu erhalten. Rückgang von Organisationen kann im Vergleich zur Reife in unterschiedlichem Ausmaß möglich sein. *Weitzel & Jonsson* (1989) unterscheiden fünf Stadien des Rückgangs.

Stadien des organisationalen Rückgangs nach *Weitzel & Jonsson* (1989)

Stadium 1: Die Organisation ist nicht in der Lage, interne und/oder externe Herausforderungen zu erkennen, die das langfristige Überleben beeinträchtigen. Ursache ist zumeist, dass es keine ausreichenden Kontroll- und Informationssysteme zur Überprüfung der Effektivität ausgebildet hat. Symptome, die als solche nicht erkannt werden, können z.B. sein: zu hoher Personalstand, langsame Entscheidungsprozesse, Ansteigen der internen Konflikthäufigkeiten und -intensität, Rückgang von Gewinnen. Maßnahmen: Informationen sichern durch entsprechende Systeme und kontinuierliche Überprüfung.

Stadium 2: Die Organisation erkennt (jetzt) zwar die Notwendigkeit zur Veränderung, tut aber nichts dagegen, evtl. durch Fehleinschätzungen der Situation (z.B. „kurzfristiges Problem“) oder durch Partial- bzw. Individualinteressen der Führungskräfte; Trägheit; falsche Lösungsansätze brachten keine Lösung und nun ist man ratlos. Symptomatik: die Lücke zwischen akzeptabler und tatsächlicher Leistung nimmt immer weiter zu. Maßnahmen: Paralyse überwinden und Handeln, z.B. Verschlanken des Personalstands, der Angebotspalette, der Prozesse, Veränderung der Organisationsstruktur.

Stadium 3: Die Probleme nehmen jetzt rasch zu, Einzelaktionen bringen keine Abhilfe (mehr). Weitere Fehlentscheidungen (zu geringe Eingriffe, zu rigide Reaktionen, Taktieren…) machen das Problem schlimmer. Maßnahmen: zumeist nur noch umfassende Interventionen erfolgreich, wie radikaler strukturaler Wandel, Strategieveränderung, um das Ruder herumzureißen.

Stadium 4: In der akuten Krise, die die Organisation bereits zur Auflösung führen kann, sehen *Weitzel & Jonsson* als einzigen Ausweg einen ganz radikalen Wandel, eine grundsätzliche Reorganisation. Oft fällt (auch als symbolische Handlung, um Stakeholder wieder an Bord zu holen) dem das Topmanagement zum Opfer und die Organisation wird so verändert, dass sie kaum noch wieder zu erkennen ist.

Stadium 5: Hier ist es bereits zu spät für eine Erholung der Organisation. Sie hat keinen Zugang zu Ressourcen mehr, die Stakeholder sind auf Abstand gegangen. Es bleibt nur die Liquidation und Auflösung, um wenigstens noch irgendetwas zu retten.

Die Bewältigung organisationalen Rückgangs ist eine zentrale Aufgabe in Organisationen. Rückgang kann immer einsetzen, aber im Stadium der Reife einer Organisation ist sein Einsetzen geradezu folgerichtig. Die Symptome eines Rückgangs sind oft Signale dafür, dass ein neuer Weg eingeschlagen werden muss, damit wieder Wachstum möglich wird.

In den ersten vier sind erfolgreiche Gegenmaßnahmen durch das Management möglich, mit fortschreitendem Stadium aber müssen

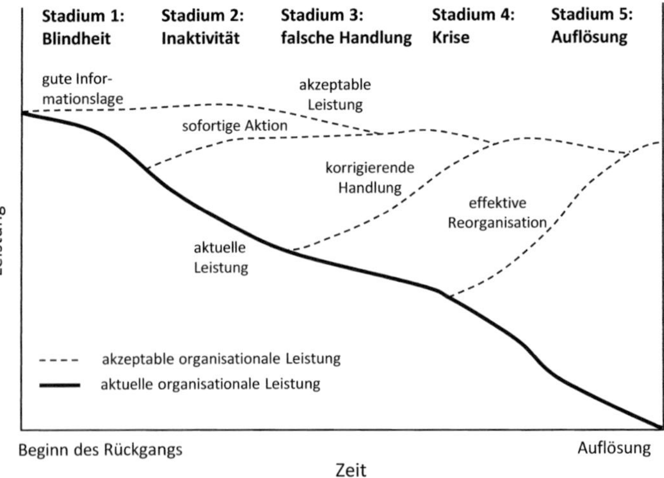

Abb. 4: Stadien organisationalen Rückgangs nach *Weitzel & Jonsson* (1989).

die Interventionen umfassender und radikaler werden, um erfolgreich zu sein. Abb. 4 fasst die Stadien, die von den Autoren diagnostizierten typischen Probleme und möglichen bzw. notwendigen Interventionen, um als Organisation wieder erfolgreich zu werden, zusammen.

	Stadium 1	Stadium 2	Stadium 3	Stadium 4	Stadium 5
Problem	Blindheit	Inaktivität	falsche Handlungen	Krise	Auflösung
Maßnahme	Informationen beschaffen	sofortige Aktion	korrigierende Handlung	effektive Reorganisation	Liquidation

In den Phasen und vor allem im Übergang zwischen den Phasen stellen sich Entwicklungsaufgaben, von deren Lösung das weitere Schicksal der Organisation abhängt. Wandel in Organisationen kann ganz unterschiedlich angestoßen, wahrgenommen und durchgeführt werden. Ebenso können die Ergebnisse ganz verschieden sein. Um das Universum der Möglichkeiten zu strukturieren, werden hier fünf Dimensionen des Wandels angeboten. Die Strukturierung ist sicherlich nicht die einzig mögliche, doch spricht sie Themen an, die in der Literatur zum Wandel in Organisationen häufig auftauchen und insofern für die Forschung wie für die Praxis eine weitreichende Bedeutung zu haben scheinen. Wandel in Organisationen kann charakterisiert werden durch die Dimensionen

[1] Initiative der Organisation: reaktiver vs. aktiver Wandel

[2] Kontinuität des Wandels: evolutionärer vs. revolutionärer Wandel

[3] Eskalation des Wandels: Eingriffstiefe in die Organisation (Wandel 1. und 2. Ordnung)

[4] Ansatzpunkte des Wandels: Strukturen vs. Personen

[5] Ausbreitung des Wandels in der Organisation (z.B. bottom-up oder top-down).

Dimensionen des organisationalen Wandels

Wandel in Organisationen kann ganz unterschiedlich angestoßen, wahrgenommen und durchgeführt werden. Ebenso können die Ergebnisse ganz verschieden sein. Um das Universum der Möglichkeiten zu strukturieren, sollen hier fünf Dimensionen des Wandels angesprochen werden. Die Auswahl ist sicherlich nicht die einzig mögliche, doch spricht sie Themen an, die in der Literatur zum Wandel in Organisationen häufig auftauchen und insofern für die Forschung wie für die Praxis eine weitreichende Bedeutung zu haben scheinen. Wandel soll hier betrachtet werden aus den Perspektiven:

- Initiative der Organisation: reaktiver und aktiver Wandel
- Kontinuität des Wandels: evolutionärer und revolutionärer Wandel
- Eskalation des Wandels: Eingriffstiefe
- Ansatzpunkte des Wandels: Strukturen oder Personen
- Ausbreitung des Wandels in der Organisation

1. **Initiative der Organisation**: reaktiver und aktiver Wandel (ungeplant vs. geplant)

Es lassen sich auf dem Kontinuum von Eigeninitiative oder zumindest Bewusstheit der Organisation hinsichtlich der Veränderungen von Organisationen verschiedene Formen identifizieren (vgl. *Lippitt, Watson & Westley*, 1958):

Unbewusste Veränderungen durch Unachtsamkeit. Entweder werden Einflüsse von außen gar nicht erkannt und die Organisation passt sich ihnen ohne es zu bemerken an. Oder interne Prozesse und Sichtweisen verändern sich, ohne dass man sich in der Organisation bewusst ist. *Beispiel:* Bereits länger anhaltender Erfolg bei Kunden könnte in einer Organisation dazu führen, dass die Service- und Vertriebskräfte im Umgang mit den Kunden unachtsamer werden und die Organisation sich von einer kundenfreundlichen zu einer am Kunden desinteressierten wird und ihre bisherige Stärke einbüßt.

Reaktive Anpassungen auf stattfindende Umweltveränderungen. Die Organisation nimmt eine Veränderung wahr und versucht, sich (nur) soweit notwendig darauf einzustellen. *Beispiel:* Tritt ein neues Gesetz zur Abfallvermeidung in Kraft, werden zum Stichtag die entsprechenden Vorgaben in der Organisation mit möglichst geringem Aufwand umgesetzt.

Vorausschauende und aktive Anpassung an Umweltveränderungen. Die Organisation beobachtet die Umwelt (auch) insbesondere hinsichtlich von Veränderungstendenzen analysiert sie hinsichtlich möglicher Auswirkungen und setzt Anpassungsprozesse so frühzeitig in Gang, dass die Umweltveränderungen sich nicht negativ auf sie auswirken. Es wird darüber hinaus versucht, sich die Veränderungen für eine Modernisierung der eigenen Organisation zunutze zu machen und über einen Zeitvorteil bei der Anpassung einen Wettbewerbsvorteil gegenüber Konkurrenten zu gewinnen. *Beispiel:* Längerfristig wirkende gesellschaftliche Veränderungen wie der aktuelle demographische Wandel in Deutschland werden, nachdem die ersten Auswirkungen bemerkbar sind, genau untersucht und die Organisation dementsprechend ausgerichtet, einen länger anhaltenden und sich ggfs. verstärkenden Wandel aufzunehmen (in Personalergänzung, Personalentwicklung, Arbeitsorganisation, Ergonomie und Gesundheitsförderung etc.).

Proaktive Veränderungen in Antizipation möglicher zukünftiger Erfordernisse. Systematische Beobachtungen der Organisation und ihrer Umwelt werden zu Prognosen über Umweltveränderungen und zu erwartende Entwicklungsaufgaben der Organisation herangezogen. Auf der Basis der Prognosen werden entsprechende Wandlungsaktivitäten vorbereitet und ggfs. in die Wege geleitet, sodass die Organisation aktiv mit einsetzenden Veränderungen umgehen kann. Die Prognosen und darauf aufbauende Wandlungsprozesse und -ergebnisse können ggfs. sogar dazu eingesetzt werden, die relevanten Umweltausschnitte zu beeinflussen. *Beispiel:* Ein Unternehmen realisiert die mangelhafte Nachhaltigkeit eines üblichen Produktionsverfahrens. Es erforscht und implementiert neue, nachhaltigere Verfahren (z.B. geringerer Ressourcenverbrauch und geringere Emissionen) und nimmt Einfluss auf gesellschaftliche Multiplikatoren und politische Entscheidungsgremien, dass die Ergebnisse, die sie selbst erzielt, Maßstab für allgemeine Produktionsstandards wird.

Wandel in Organisationen kann also geplant oder ungeplant sein, aktiv oder reaktiv. Eine weit verbreitete Bezeichnung für geplanten

Wandel in Organisationen ist *Change Management.* Der Begriff bezeichnet Veränderungs-*Management* in allen Formen, zeigt also an, dass in einer Organisation aktiv, geplant und systematisch vorgegangen wird (werden soll) und stellt damit den Gegenpol zum reaktiven Reparaturdienstverhalten (*Dörner*, 2008) dar, also der Herangehensweise, Veränderungen oder nicht selbst gesetzte Herausforderungen als Störung der Abläufe in der Organisation zu sehen und ihnen mit möglichst geringer Aufmerksamkeit und möglichst geringem Ressourceneinsatz so zu begegnen, als handele es sich um einmalige Unregelmäßigkeiten. Change Management gewinnt somit einen Interventionscharakter, der sich häufig darin zeigt, dass es als Projekt, jedenfalls eigenständige, integrierte Aufgabe gesehen wird, die mittels Projektmanagementmethoden umgesetzt wird.

Umwelteinflüsse wie organisationsinterne Entwicklungen sind dabei nicht nur zu suchen und zu erkennen. Immer stellt sich auch die Frage, ob eine Anpassung, ein Wandel in dieser Hinsicht notwendig, zweckmäßig oder vielleicht gefährlich ist. Nicht immer braucht auf eine Veränderung reagiert zu werden. Entscheidet man sich jedoch fälschlicherweise dagegen, wird der Organisation das Heft des aktiven Handelns aus der Hand genommen. Soll das Unternehmen auf einen vorhandenen oder sich abzeichnenden Trend aufspringen? Und wenn ja – mit welcher Erwartung und welchem Einsatz? Nach welchen Kriterien sollen diese Entscheidungen gefällt werden, wer verantwortet sie und wie sind sie umzusetzen, dass es zum Vorteil der Organisation ist?

Auch wenn Wandel häufig vor allem in einer wenig integrierten Reaktion auf aktuelle und unzusammenhängend gesehene Anforderungen besteht, liegt in der weiteren Darstellung der Schwerpunkt auf dem geplanten Wandel, in dessen Kontext der Führung von Organisationen und ihren Führungskräften eine Schlüsselrolle zukommt.

2. **Dramatik des Wandels**: Evolutionärer und revolutionärer Wandel

Eine Dimension, die in die Diskussion um den Wandel in Organisationen gut eingeführt ist, ist die der Dramatik (im Sinne von Wirbel, Aufsehen, Aufruhr, Aufregung, Spannung, Hochdruck) des Wandels. Die übliche adjektivische Qualifizierung dafür ist „evolutionärer vs. revolutionärer" Wandel. Natürlich gibt es auch hier weitere Duale, die den Sachverhalt bezeichnen sollen, z.B. das neutralere „episodischer vs. kontinuierlicher" Wandel (*Weick & Quinn*, 1999). Die folgende Tabelle skizziert die Dimension in Charakteristik und Ablauf und bringt renommierte Interventionsbeispiele.

Dramatik des Wandels	Charakteristika	Ablauf	Beispiele
evolutionär	graduell, inkrementell, nicht drastisch, kontinuierlich	allmähliche Anpassung, prozesshaft	Qualitätszirkel, TQM, Six Sigma, flexible Teams, Empowerment, Kundenorientierung, KVP, Organisations-entwicklung, Lernende Organisation
revolutionär	schnell, dramatisch, grundsätzlich neue Ansätze	einmalige Neueinführung	(Business Process) Reengineering, Restrukturierung, Unternehmensberatungsprojekte (Expertenberatung), Neukonzeption, (radikale) Innovation

Die Dimension bildet in ihren Polen zwei entgegengesetzte Interventionsphilosophien ab: Stetigkeit vs. den einmaligen Akt, Umsicht vs. Einsicht, Langstrecke vs. Sprinter, Konzentration vs. Kraftakt. Häufig wird die Dimension vermischt mit der der Eingriffstiefe (s.u.) und davon ausgegangen, dass evolutionärer Wandel stets im Umfang begrenzt, während revolutionärer Wandel stets breit und umfassend ausgelegt sind (z.B. *Jones & Bouncken*, 2008). Diese Annahme ist allerdings weder logisch noch plausibel.

Revolutionäre Interventionen sind oft Resultat davon, dass Unternehmen nicht kontinuierlich ihre Aktivitäten untersuchen. Deshalb finden keine ständigen Anpassungen der Prozesse und Strukturen statt, die somit über die Zeit immer unangepasster und ineffektiver werden. Wenn diese Einsicht in der Unternehmensspitze aufscheint, z.B. anhand schlechter Unternehmenswerte, schlechter Bewertung durch Geldgeber (Aktionäre, Banken) oder Ratingagenturen wird plötzlich nach dem Befreiungsschlag gesucht, der die Situation wieder ins Lot bringt, das Steuer herumreißt. Damit wird in klassischem Verständnis *Innovation* als Entwicklungsschritt oder -sprung betrieben – oder anders ausgedrückt: revolutionärer Wandel eingeleitet. Wem das gelingt (in welchem Ausmaß auch immer), der ist der Held, der Macher, der Retter. Aus evolutionären Perspektiven (z.B. soziotechnischer Systemansatz) sind diese Sprünge dagegen ein Zeichen mangelnder Leitungsqualität im Unternehmen und Resultat von Fehlern in der Unternehmensführung oder Schwächen in der Unternehmenskultur. Und damit ist oft der nachherige Retter eigentlich der, der die Krise durch mangelnde Evolutionsbereitschaft herbeigeführt hat.

3. Eingriffstiefe: Wandel im System oder Wandel des Systems

Wandel in Organisationen braucht nicht immer bis auf den Grund aller Dinge zu gehen, aber nicht immer reicht es, nur die Oberfläche zu verändern. Die Eingriffstiefe ist eine Dimension, die abbildet, wie umfassend und tiefgreifend der Wandel, den eine Organisation durchgeht, ist. Eine übliche Unterscheidung in diesem Zusammenhang ist die zwischen dem „Wandel 1. Ordnung" und dem „Wandel 2. Ordnung" (*Watzlawick, Weakland & Fisch*, 1974; vgl. *Staehle*, 1999). Weitere Duale, die analog konzipiert sind, gibt es viele, z.B.:

- Executive change vs. policy-making change (*Vickers*, 1964),
- Evolutionary change vs. revolutionary change (*Greiner*, 1972),
- Alpha change vs. gamma change (*Golembievsky, Billingsley & Yeager*, 1976),
- Transition vs. transformation (*Hernes*, 1976),

- Single loop learning vs. double loop learning (*Argyris & Schön*, 1978),
- Morphostasis vs. morphogenesis (*Smith*, 1982),
- Kontinuierlicher Wandel vs. Episodischer Wandel (*Weick & Quinn*, 1999).

Unter dem Wandel 1. Ordnung wird dabei ein Wandel verstanden, der in kleineren Verbesserungen und Anpassungen besteht, die im Dasein von Organisationen auftreten und nicht den Kern des Systems betreffen (*Levy & Merry*, 1986, S. 5). Er besteht in inkrementellen Modifikationen der Arbeitsweise einer Organisation ohne Veränderung des vorherrschenden Bezugsrahmens oder der dominanten Interpretationsschemata (*Staehle*, 1999, S. 900), die in erster Linie quantitative, evolutionär-kontinuierliche Anpassungen einzelner Einheiten oder Strukturen der Organisation beinhalten. Wandel 2. Ordnung dagegen wird verstanden als vieldimensionaler, auf mehreren Ebenen stattfindender, qualitativer, diskontinuierlicher, radikaler Organisationswandel, der eine paradigmatische Veränderung von Arbeitsweise und Bezugsrahmen der Organisation beinhaltet (vgl. *Levy & Merry*, 1986; *Staehle*, 1999), somit grundlegender, komplexer und qualitativer Natur ist. Er geschehe revolutionär und „von heute auf morgen". *Watzlawick et al.* (1974) drücken es im systemtheoretischen Paradigma kurz so aus: Während im Wandel 1. Ordnung das System zwar seinen Zustand ändert, aber als dasselbe System erhalten bleibt, ändert sich beim Wandel 2. Ordnung das System als solches.

Das Modell zum organisationalen Rückgang von *Weitzel & Jonsson* (1989) verdeutlicht die Dimension recht gut: Bei geringeren Schwierigkeiten der Organisation sind geringere Eingriffe notwendig, die sich durchaus problemlos inkrementell und im Rahmen „alltäglicher" Unternehmensführung gestalten lassen. Bei größer werdenden Schwierigkeiten (oder allgemeiner: Veränderungserfordernissen) werden die notwendigen Interventionen umfassender, betreffen mehr Aspekte der Organisation und können zuletzt bis in die Grundfesten, das „Paradigma" der Organisation vordringen. Diese tiefgreifenden Interventionen erscheinen dann als revolutionär, sobald sie als diskontinuierlicher Eingriff wahrgenommen werden, was das Modell von *Weitzel & Jonsson* (1989) ebenso wie viele andere Veröffentlichung als selbstverständlich ausgemacht ansehen.

Kontinuierliche Arbeit am Kern des Unternehmens, wie es z.B. in der Kultivierung der Unternehmenskultur auch in ihren Basisannahmen gesehen werden kann (*Schein*, 1995; vgl. auch *Neuberger & Kompa*, 1987), entfallen bei dieser Systematik allerdings. Interessanterweise scheint es vielen ForscherInnen gedanklich fern zu liegen, dass kontinuierlicher Wandel das System im Sinne eines Wandels 2. Ordnung verändern kann, auch wenn das z.B. bei *Weick & Quinn* (1999) zumindest am Rande anklingt.

4. Ansatzpunkt des Wandels: Strukturen oder Personen

Geplanter organisatorischer Wandel greift zur Verbesserung des Erfolgs der Organisation insbesondere an einem oder mehreren der folgenden Felder an:

- Personal (humane Ressourcen)
- funktionale Ressourcen
- technologische Kompetenzen
- organisationale Kompetenzen (vgl. *Jones & Bouncken*, 2008, S. 599f.)

Besonders häufig ins Blickfeld geraten dabei die Ansatzpunkte „Strukturen“ vs. „Personen“. Die Erkenntnis, dass beide miteinander verbunden sind und die Ignoranz des einen mangelnden Erfolg des anderen wahrscheinlich macht, ist zumindest in der Forschung spätestens seit den Tavistock-Untersuchungen (z.B. *Trist & Bamforth*, 1951; *Emery & Thorsrud*, 1964; *Trist, Higgin, Murray & Pollock*, 1963/2013), die zur Formulierung des soziotechnischen Systemansatzes führten, anerkannt. Dieser postuliert, dass Arbeitssysteme aus einer technischen und einer sozialen Komponente bestehen, die nicht nur aufeinander bezogen, sondern sogar untrennbar voneinander sind, ohne das System insgesamt zu zerstören oder zumindest im Kern zu verändern.

Aus dieser systemorientierten Sicht lässt sich nachvollziehen, dass Interventionen an einem umrissenen Variablenbündel innerhalb der Organisation Gegenreaktionen an ganz anderen Stellen und Ebenen der Organisation hervorrufen können, da das System aus Aufrechterhaltungsgründen bei Veränderungen an einer Stelle, die sich nicht verhindern lassen, an anderer Stelle homöostatische Kompensationsversuche unternimmt. Diese gefährden dann ggfs., dass das Interventionsziel erreicht wird. Es ist also wichtig, das System, seine Teilkomponenten und deren zentrale Zusammenhänge zu diagnostizieren und Maßnahmen daraufhin zu planen und umzusetzen, dass sie den Merkmalen von Systemen gerecht werden.

Trotzdem lassen sich natürlich Interventionen eher über die technische oder die soziale Komponente in das System einbringen. Für die Organisationsentwicklung, die explizit Leistungs- und Humanziele integriert verfolgt, haben *Friedlander & Brown* (1974) diese Schwerpunktsetzungen formuliert. Unklar bleibt empirisch, welche Interventionsrichtung zu besseren Ergebnissen führt. *Gebert* (1995) hat versucht, die Ergebnisse von Organisationsentwicklungsprojekten auf deren Effektivität hin zu untersuchen und hat je nach Kriterium (Ökonomische oder Humanfaktoren) tendenziell unterschiedliche Ergebnisse gefunden, musste aber feststellen, dass große Variationsbreiten der Befunde (als Ergebnis von terminologischen und methodischen Schwierigkeiten) sowie einseitiger Veröffentlichungspraxis eine eindeutige Aussage verhindern.

Evolutionäre und revolutionäre Interventionsstrategien setzen tendenziell an unterschiedlichen Teilsystemen an, Restrukturierung und Reengineering an Organisationsstrukturen und Geschäftsprozessen, die Lernende Organisation eher an den Personen und den Informationssystemen in der Organisation, TQM/KVP verbindet auf eher abstrakter Ebene beide und die Organisationsentwicklung bietet die Möglichkeit eher personenorientierter, eher strukturorientierter oder beide gleichrangig behandelnder Intervention.

5. Ausbreitung des Wandels in der Organisation

Geplanter Wandel kann in der Umsetzung bzw. Ausbreitung des Wandels unterschiedliche Richtungen verfolgen – sei es geplant oder ungeplant. Die traditionelle Richtung (geplanten) Wandels ist der sog. Top-down-Ansatz. Die Unternehmensspitze ordnet Wandel an und die darunterliegenden Instanzen setzen ihn auf der Ebene für die sie zuständig sind, um. Diese zentrale Steuerung verspricht konsistente Ideen und deren konsistente Umsetzung. Entsprechend allgemeiner Erkenntnisse der Unternehmensorganisation muss zugegeben werden, dass diese Steuerung sehr häufig an Grenzen stößt, sei es aus qualitativer oder quantitativer Überforderung der Unternehmensspitze (zumeist beides) und aus der hierarchischen Umsetzung folgender mangelnder Nutzung von Potenzialen der Organisationsmitglieder auf niedrigeren Hierarchieebenen, die „näher“ an den konkreten Aufgaben und Problemen sind und diese aus einer operativen Perspektive heraus besser kennen als die Unternehmensspitze. Dieser Überforderung der Unternehmensspitze wird häufig durch Einsatz von externen Experten entgegengearbeitet, d.h. Unternehmensberatern, die extern fertige Lösungen entwickeln, die mit der Einwilligung der Unternehmensspitze in die Organisation eingespeist und dann hierarchisch abgearbeitet werden. Die häufig mangelnde Qualität dieser Projekte oder zumindest der hohe Aufwand ihrer Durchsetzung gegenüber dem Widerstand der Organisation, die sich gelegentlich augenscheinlich, zumeist aber durch eine systematische Evaluation feststellen lässt, ist der Grund dafür, dass auch weitere Ausbreitungsstrategien entwickelt wurden.

Die Bottom-up-Strategie beschreibt quasi die Gegenrichtung (*French & Bell*, 1973). Sie hat ihre Ursprünge in der Aktionsforschung *Lewins* (1948). *Lewin* ging davon aus, dass die Betroffenen (also die, die unten in der Hierarchie stehen) der Schlüssel zu erfolgreichem organisationalen Wandel sind; einerseits tragen sie als Experten der operativen Arbeit in der Organisation so viel Problemlösepotenzial, dass sie, unterstützt durch Prozessmoderatoren, viele Wandlungsprozesse in Richtung Leistung und Humanität selbst zu erarbeiten vermögen, andererseits wird durch ihre Einbeziehung das Risiko breiten, zähen Widerstands gesenkt, da die Teilhabe an der Problemlösung diesen reduziert oder gar dessen Energie zugunsten eines Wandels mobilisieren kann. Die Lösung wird beim Bottom-up-Ansatz also in der Organisation selbst, genauer: vor Ort, entwickelt. Sie muss dann, von unten in der Hierarchie kommend, nach oben, also auf höhere abstrakte Niveaus bis hin zur Strategie aufgebaut werden. Aufgrund des geringeren zu erwartenden Widerstands ist ein Bottom-up-Ansatz einfacher zu implementieren. Allerdings hängt auch sein Erfolg von zentralen Voraussetzungen ab: dem Commitment der Unternehmensführung, davon, dass die Führungskräfte als Koordinatoren gewonnen werden können und davon, dass das Projekt auf dem Weg zum Ziel gehalten werden kann. Der geringere Widerstand wird mit höherem Koordinationsaufwand und -risiko erkauft und ein Bottom-up-Ansatz kann logischerweise nicht schnell über die Bühne gehen. Dementsprechend gelten Bottom-up-Interventionen häufig als ungeeignet für Organisationen in großen, existenzgefährdenden Schwierigkeiten (*Jones & Bouncken*, 2008, S. 631). Sie haben ihre moderne organisationstheoretische Entsprechung in der durch Wissensmanagement koordinierten Dezentralisierung von Unternehmen.

Bottom-up-Ansätze verstehen sich natürlich nicht so, dass alle MitarbeiterInnen der unteren Hierarchieebene auf wundersame Art zu denselben Verbesserungsideen kommen, die dann folgerichtig auf der Basis ihrer überlegenen Lösung von den jeweils höheren Hierarchieebenen übernommen würden. Häufig wird Bottom-up-Aktivität durch die Organisationsspitze initiiert oder zumindest sich zu Eigen gemacht und kanalisiert („Gegenstromverfahren"). Üblicherweise werden partizipative Veränderungsprojekte durch Projektgruppen bearbeitet und die Umsetzung in Pilotgruppen getestet (*Becker & Langosch*, 2002; *Schiersmann & Thiel*, 2011). Es können auch Anstöße aus verschiedenen Hierarchiestufen und Unternehmensbereichen kommen. Diese zu koordinieren ist herausfordernd. Dafür können solche „multiple-nucleus"-Strategien auf unterschiedlichste Kompetenzen und Potenziale unmittelbar zugreifen und eine enge Verzahnung von Vorgaben und Verbesserungsprozessen mit sich bringen, die Widerstände weiter reduzieren und Lösungspotenziale weiter fördern. Folgende Abbildung illustriert unterschiedliche Ausbreitungsstrategien der Organisationsentwicklung:

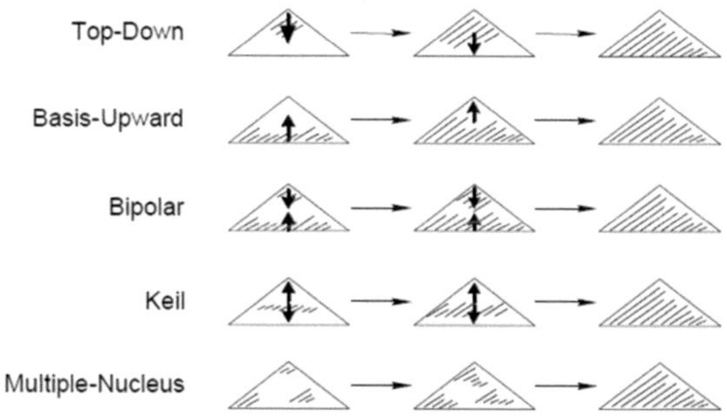

Unterschiedliche Ausbreitungsrichtungen der Organisationsentwicklung (*Kauffeld & Schneider*, 2011, S. 54)

Die Dimensionalität des Wandels

Selbstredend ist Wandel in Organisationen nicht entweder *nur* reaktiv oder aktiv, evolutionär oder revolutionär, Wandel 1. oder 2. Ordnung, an Strukturen oder an Personen ansetzend, top-down oder bottom-up. Alle Duale bezeichnen lediglich Pole kontinuierlicher Dimensionen.

Argyris & Schön (1978) unterscheiden drei Formen des Lernens in Organisationen, die sich vom reaktiven und oberflächlichen *single loop learning* über das strategische und langfristig relevante *double loop learning* zum aktiven, reflexiven und grundsätzlichen *deutero learning* entfalten. Diese Formen des Lernens führen zum Reparaturdienstverhalten/Durchwursteln (zu dem die Autoren durchaus Expertenberatungsprojekte zählen) über das mittelfristige Entwicklungsprojekt zur Lernenden Organisation (vgl. *Bea & Haas*, 2013). *Probst & Büchel* (1998) nennen die drei Lernschritte Anpassungs-, Veränderungs- und Prozesslernen. Traditionelle Expertenberatung zeigt sich als problematisch hinsichtlich der Akzeptanz durch die Mitarbeiter, ggfs. des gesamten Unternehmenssystems, während Organisationsentwicklung ohne verstärkten Bezug zu Branchen- und Marktbesonderheiten zu zwar mitarbeiterfreundlichen, aber für den Gewinnauftrag des Unternehmens schwierigen Sozialveranstaltung führen kann.

Die einst als Gegensätze gesehenen und konzipierten Interventionsstrategien (Expertenberatung in der traditionellen Unternehmensberatung vs. Prozessberatung in der Organisationsentwicklung, revolutionäre Innovationen vs. evolutionäre Qualitäts- und Kundenorientierungsansätze etc.) nähern sich in der Praxis oft aneinander an. So lässt sich z.B. Business Process Reengineering (*Hammer & Champy*, 1993) zumindest in weiten Teilen in Form von Organisationsentwicklung betreiben, solange es nicht als Projekt zum Personalabbau, sondern als Möglichkeit der Verbesserung der Geschäftstätigkeit mit bestehendem Mitarbeiterstamm gesehen wird. Unter den Etiketten *Nachhaltigkeit* und *Qualität* bieten Unternehmensberatungen Expertenprojekte an, die Maßnahmen der Aktionsforschung (Mitarbeiterbefragung, Problemlösezirkel etc.) und systemischer Intervention nutzen.

Allerdings gelingt die Bewegung auf den Dimensionen nicht notwendigerweise so, dass das jeweils Beste aus den konzipierten

Polen kombiniert wird, sondern gelegentlich auch gegenteilig: Vieles, was „Organisationsentwicklung“ genannt wird, ist einfaches Reparaturdienstverhalten oder „Empowerment“ ist nicht die Übertragung von Verantwortung (im Sinne erweiterter handlungs- und Selbstregulationsmöglichkeiten), sondern die Verantwortlichmachung von durch ihre Ressourcenausstattung nicht verantwortlich zu machenden Personen, die mit persönlicher Zusatzleistung versuchen müssen, den Mangel an zugeteilten Ressourcen zu kompensieren. Solche Maßnahmen setzen die dafür Verantwortlichen dem Verdacht aus, dass durch den Einsatz verbaler Symbole eine Intervention in ein anderes Licht gestellt werden soll, das den MitarbeiterInnen und anderen Anspruchsgruppen besser zusagt und deshalb deren Widerstand senkt und sie evtl. sogar zur Mitwirkung bei ihrer weiteren, durchaus entfremdenden Vereinnahmung animieren soll.

Literatur zu „Dimensionierung des organisationalen Wandels“

Argyris, C. & Schön, D. A. (1978) • Bea, F. X. & Haas, J. (2013) • Becker, H. & Langosch, I. (2002) • Dörner, D. (2008) • Emery, F. E. & Thorsrud, E. (1964) • French, W. L. & Bell, C. H. (1973) • Friedlander, F. & Brown, L. (1974) • Gebert, D. (1995) • Golembiewski, R. T., Billingsley, K. & Yeager, S. (1976) • Greiner, L. E. (1972) • Hammer, M. & Champy, J. A. (1993) • Hernes, G. (1976) • Jones, G. R. & Bouncken, R. B. (2008) • Kauffeld, S. & Schneider, H. (2011) • Levy, A. & Merry, U. (1986) • Lewin, K. (1948) • Lippitt, R., Watson, J. & Westley, B. (1958) • Neuberger, O. & Kompa, A. (1987) • Probst, G. & Büchel, B. (1998) • Schein, E. H. (1995) • Schiersmann, C. & Thiel, H.-U. (2011) • Smith, K. K. (1982) • Staehle, W. (1999) • Trist, E. L. & Bamforth (1951) • Trist, E. L., Higgin, G. W., Murray, H., & Pollock, A. B. (2013) • Vickers, G. (1964) • Watzlawick, P., Weakland, J. H. & Fisch, R. (1974) • Weick, K. E. & Quinn, R. E. (1999).

3.1 Aufgaben von Führungskräften in organisationalen Wandlungsprozessen

„Leading change is one of the most important and difficult leadership responsibilities. For some theorists, it is the essence of leadership and everything else is secondary" (*Yukl*, 2010, S. 296). Egal, warum der Wandel betrieben wird, wer ihn initiiert und wie er sich in der Organisation ausweitet: Unter den Akteuren des Wandels befinden sich die Führungskräfte der Organisation. Weitere Akteure sind oder können sein: die Unternehmensleitung, MitarbeiterInnen bzw. die Mitarbeitervertretung, die Human-Resource- und Organisationsabteilungen, Stabs- und Projektgruppen, externe Berater und Vertreter von Stakeholdern. Allerdings sind die Führungskräfte Schlüsselakteure sowohl im Rahmen ihrer Mitarbeit in Veränderungsprojekten (vgl. *Schiersmann & Thiel*, 2011) als auch durch ihre Führungsrolle im Alltag, in der Stabilisierung und Veränderung Kategorien ihrer Tätigkeit im Arbeitssystem sind.

Stabilisierung und Veränderung als Zielkategorien von Führung(-sverhalten) finden sich in Führungsdualen wieder, die in diesem Zusammenhang einige Bekanntheit erlangt haben:

- Management vs. Leadership (*Bennis & Nanus*, 1985)
- Transaktionale vs. transformationale Führung (*Bass & Avolio*, 1994)
- Symbolisierte und symbolisierende Führung (*Neuberger*, 1990)

Führungskräfte können bei Veränderungen in Organisationen unterschiedlich aktive Rollen einnehmen:

[1] Sie müssen sich an Veränderungen in Organisationen anpassen. Wenn z.B. Werte und Kriterien in der Organisation geändert wurden, müssen sie diese nun vertreten und in deren Sinn agieren (*Weibler*, 2012, S. 491).

[2] Sie spielen eine wichtige Rolle dabei, den geplanten Wandel in Organisationen *umzusetzen*. Dabei haben sie die Aufgabe, aktiv

die Veränderungen zu gestalten und ihre MitarbeiterInnen in dieser Hinsicht anzuleiten.

[3] Sie selbst *initiieren* Veränderungen. Vor allem auf höheren Ebenen können z.B. über transformationale Führung durch die Führungskräfte neue und neuartige Ideen, Werte und Ziele angestrebt und entsprechender Wandel angestoßen werden. Dies kann auch über strategische, politische oder persönliche Entscheidungen geschehen.

Einflussreichen Führungskräften bieten sich, wenn sie selbst initiativ werden für die Gestaltung von Veränderung, verschiedene Alternativen (vgl. *Jäckel*, 2003, S. 640):

- Sie können Kraft ihrer Funktion Wandel anordnen und umsetzen (lassen): Dieses Vorgehen bietet sich vor allem an, wenn der Führungskraft relativ klar ist, was das Ziel ist (Top-down-Vorgehen, Macher-Ansatz).
- Sie können die Initiative für die Veränderung ergreifen oder aufnehmen und die Veränderung moderieren und innerhalb von gesetzten Rahmenbedingungen halten, die die beteiligten Betroffenen entwickeln und umsetzen (Bottom-up-Vorgehen, Partizipations- oder Kultivierungsansatz).
- Sie können einen entsprechenden Auftrag an (oft externe) Experten erteilen, die die Veränderung planen, sich legitimieren lassen und dann umsetzen (Expertenprojekt).

Vorstellungen, wie geplanter Wandel abläuft, abzulaufen hat oder idealerweise ablaufen sollte, gibt es viele. Einige der bekannteren sind:

- Die fünf Phasen des Veränderungsprozesses nach *Lewin* (1948)
- Der Zyklus der Organisationsentwicklung mit vier Phasen nach *Becker & Langosch* (1984)
- Die fünf logischen Ebenen der Veränderung nach *Dilts* (1990)

- Die fünf Disziplinen der Lernenden Organisation nach *Senge* (1990)
- Die acht Schritte der Transformation nach *Kotter* (1996)

Abb. 5 stellt geplanten Wandel schematisch dar:

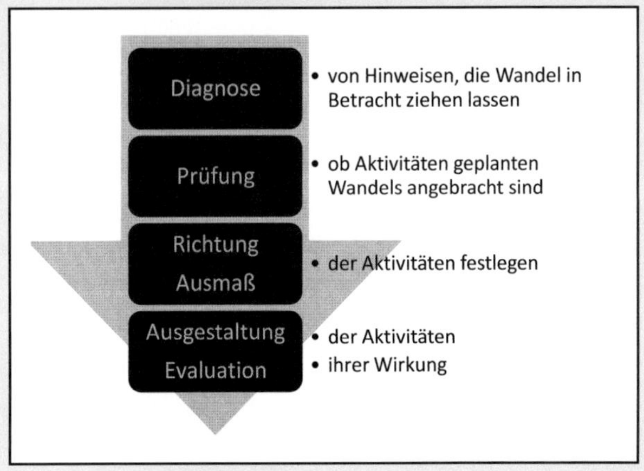

Abb. 5: Schematischer Ablauf geplanten Wandels

Im Folgenden werden einige Aufgaben von Führungskräften in organisationalen Veränderungsprozessen ausführlicher betrachtet. Es handelt sich um fünf Kernfunktionen, die in der Literatur besondere Aufmerksamkeit genießen:

- den Wandel aktiv mittragen
- den Grad der Einbeziehung der MitarbeiterInnen steuern
- Interpretieren und motivieren: Deutungen nahelegen
- Entscheidungen fällen und revidieren
- mit Widerstand umgehen

3.1.1 Den Wandel aktiv mittragen

Eine zentrale Aufgabe von Führungskräften in organisationalen Veränderungsprozessen besteht darin, den Wandel mitzutragen. Sie haben darauf zu achten, dass Werte verfolgt und Regeln eingehalten werden. Und sie haben umfangreiche Aufgaben in der Informationssammlung, -aufbereitung und -distribution nach oben und unten. Dazu gibt es ja nach Ansatz ganz unterschiedliche Formen von Interventionen.

In Top-down-Interventionen wie Restrukturierung, Reengineering und Expertenberatung haben Führungskräfte die Aufgabe, Vorgaben, die von oben kommen und die sie u.U. weder nachvollziehen, noch verstehen können, auch gegen den Widerstand (s.u.) von unten umzusetzen (anweisen und motivieren).

Fallbeispiel 4: *Unitymedia und KabelBW*

Hier wird der Zusammenschluss von Unitymedia und KabelBW 2012 nachgezeichnet. Dabei ging es vor allem darum, die Vision, die diesem Zusammenschluss zu Grunde lag, zu übersetzen und in die Erlebniswelt jedes einzelnen Mitarbeiters zu bringen; und zwar auf natürliche Art und Weise, nicht kurzfristig „ge-*hyped*" durch irgendwelche Prospekte und Hochglanz-Broschüren. Sondern durch das Vorleben und gemeinsame Erleben der Vision und Ableitung zentraler Werte. Hierfür wurde ein kollaborativ-partizipativer Ansatz gewählt und mehr als 120 Führungskräfte eingebunden. Im Rahmen der Umsetzung der Maßnahmen waren die Führungskräfte dann doppelt gefordert: Damit die gewünschten Veränderungen durch sie vorgelebt werden konnten, mussten sie sich teilweise erst selber verändern und anpassen. Sie waren also zeitgleich der Motor und auch Objekt des Wandels.

„Nun standen wir … vor der Frage, ob der nächste Schritt durch eine breite partizipative bottom-up Initiative oder doch top-down getrieben werden sollte. Wir haben uns letztlich für ein zwar abgemildertes aber doch klar top-down angelegtes Vorgehen entschieden. Hier spielte sicherlich auch der antizipierte Aufwand für einen bottom-up Ansatz eine Rolle. Aber letztlich hat aus unserer Sicht ein Leitbild auch eine richtungsgebende „Verantwortungs-Komponente". „Führen" heißt auch voran gehen. Wir waren überzeugt, dass jede Führungskraft in unserem Unternehmen in der Lage sein muss, sowohl ein aus unserer Kultur abgeleitetes Zielbild zu füllen (also einem Leitbild zu folgen), als auch dieses durch Diskussion mit den Mitarbeitern zu konkretisieren (und selbst zu führen). Diese beiden Aspekte bestimmten dann auch unser Vorgehen. Über moderierte Workshops mit unserem Senior Leadership Team wurden die Kompetenzen und Verhaltensweisen in ein kurzes und prägnantes Leitbild gegossen. Dieses Leitbild war dann die erste Komponente unseres darauf folgenden Leadership Development Programms."

Zur Online-Fallstudie:
http://www.uvk-lucius.de/fuehren/fb/15.pdf

Partizipative Ansätze erfordern ganz andere Leistungen von Führungskräften. Im Bottom-up-Ansatz müssen die Führungskräfte immer schauen, ob, was und wie zu verbessern ist (vgl. *Jones & Bouncken*, 2008, S. 631f). Im Rahmen von Organisationsentwicklungsansätzen haben Führungskräfte die Aufgabe, die Rahmenbedingungen aufrechtzuerhalten, die diese Ansätze brauchen. Sie haben häufig eine Funktion als Moderatoren, Mediatoren, als diejenigen, die Maßnahmen unter Berücksichtigung der Bedürfnisse der MitarbeiterInnen umsetzen bzw. die Selbstorganisation der Umsetzung bei den MitarbeiterInnen abzusichern.

Für gemeinsames Verstehen, Handeln und Entwickeln sind *gemeinsame mentale Modelle* (vgl. dazu auch das folgende Fallbeispiel 5) von besonderer Bedeutung. Mentale Modelle sind interne Repräsentationen der Welt oder relevanten Ausschnitten davon (*Johnson-Laird*, 1983). Sind entsprechende Modelle bei Organisationsmitgliedern gleich oder zumindest sehr ähnlich, ermöglichen sie nicht nur ein gemeinsames Verständnis der Situation und anstehenden Aufgaben, sondern ermöglichen auch Arbeitsteilung, Kooperation und systemadäquate Reaktionen in neuartigen Situationen (*Bouncken*, 2003).

Fallbeispiel 5: *Sparkasse Mittelthüringen*

Der Vorstand der Sparkasse Mittelthüringen hat einen langfristigen „strategischen Zielpfad" formuliert. Dieser dient allen Führungskräften und MitarbeiterInnen mittels Zahlen, Daten und Fakten zur Orientierung und ermöglicht somit eine Fokussierung aller Aktivitäten. Neben der langfristigen Ausrichtung erfolgt eine Aufteilung in Jahresziele.

In Anbetracht der sich wandelnden Anforderungen, wie z.B. Kundenbedürfnissen, Vertriebswegen, Mitarbeiterbedürfnissen und gesetzliche Anforderungen, an Kreditinstitute im Allgemeinen und Sparkassen im Besonderen, sucht der Vorstand über bisherige Mittel und Wege hinaus Möglichkeiten, den Geschäftserfolg weiterhin sicherzustellen und gleichzeitig ein „attraktives" Arbeitsumfeld für die MitarbeiterInnen zu schaffen.

Als Teil einer Visionsarbeit hatte der Vorstand Gelegenheit, seine (Wunsch-) Vorstellung zu Führung in der Sparkasse im Jahr 2020 zu formulieren: „Auch in Zeiten zunehmender Komplexität, sich ändernder Vertriebswege, hoher Leistungsanforderungen, arbeiten motivierte, leistungsfähige, resiliente Führungskräfte gemeinsam am Geschäftserfolg ihrer Sparkasse Mittelthüringen. Die Führungskräfte agieren weitgehend selbständig und emanzipiert als „Unternehmer im Unternehmen". Die jeweils vorgesetzte Führungshierarchie beteiligt die ihr nachgeordnete, wo immer es nützlich und zielführend ist, an Entscheidungsprozessen. Handlungsspielräume werden verantwortungsvoll genutzt und zum Wohl der Sparkasse verwendet. Die Mitarbeiter (im Speziellen die Führungskräfte) setzen sich leidenschaftlich für die Geschicke ihres Hauses ein."

Ausgehend von diesem vom Vorstand entwickelten Zukunftsbild der Führung ging es im Vorstandskreis (also in den Veranstaltungen des Vorstands mit der 1. und 2. Führungsebene) darum, im Rahmen einer Bestandsaufnahme zu klären, wie sich der Unterschied zwischen Ist-Zustand im Jahr 2011 und Wunsch-Zustand im Jahr 2020 darstellt.

Abseits der eigenen Betrachtungen legte der Vorstand Wert darauf, Wunschvorstellung und aktuelles Erleben der „Führungswelt in der Sparkasse Mittelthüringen“ durch die Führungskräfte der Ebenen 1 und 2 kennenzulernen und in einem Entwicklungsprozess zu einem künftig gemeinsam geteilten Führungsverständnis zu gelangen.

Zu diesem Zweck stand die Erhebung der aktuellen individuellen und kollektiven mentalen Modelle, des Ist-Zustands, und des gewünschten Zukunfts-Zustands zur Dimension „Führung“ aus Sicht der gesamten Führungsmannschaft im Vordergrund des Prozesses.

Insbesondere die nachfolgenden fünf Facetten wurden Reflexionsgrundlage und Entwicklungsgegenstand des zugrundeliegenden Prozesses:

- Verständnis und Stellenwert von Führung
- Kommunikation und Kooperation
- Entscheidungsspielräume
- Verantwortung und Auftrag
- Mitarbeiterentwicklung und Leistungsförderung.

Zur Online-Fallstudie:
http://www.uvk-lucius.de/fuehren/fb/16.pdf

In partizipativen Ansätzen können durch gemeinsame Interpretationen, Rückmeldungen, Interaktionen auf der Basis von Normen, Werten, Symbolen, Regeln und Artefakten der Organisation gemeinsame mentale Modelle entstehen. Führungskräfte können diesen Prozess ermutigen oder stören. In hierarchisch geprägten Ansätzen entsteht aber eher eine Diffusion von mentalen Modellen von oben nach unten als eine gemeinsame Konstruktion von organisationalem Wissen. Den Führungskräften kommt dann die zentrale Bedeutung in der Generierung und Diffusion (der Vermittlung) der Modelle zu. Hier ist das Feld von „Visionen vermitteln“, „transformational führen“ und der „Verpflichtung der MitarbeiterInnen durch Ideen und Werte“. Die Bildung, Nutzung und Weiterentwicklung geteilter mentaler Modelle und weitere Techniken erlauben den einfachen Zugriff auf Wissen und die Entwicklung der Wissens- und Erfahrungsbasis. MitarbeiterInnen aller Ebenen werden ermutigt, die Werte umzusetzen und werden durch die Organisationssysteme dabei unterstützt (vgl. *Yukl*, 2010, S. 323). *Dunbar, Garud & Raghuram* (1996) beziehen den Ansatz mentaler Modelle auf die Eingriffstiefe von organisationalem Wandel. Werden im eher Teilstrukturen und -prozesse modifizierenden Wandel (1. Ordnung) die mentalen Modelle gedehnt („bent"), werden sie im tiefgreifenden Wandel (2. Ordnung) aufgebrochen und durch neue ersetzt („broken").

3.1.2 Grad der Einbeziehung der MitarbeiterInnen steuern

Führungskräfte haben den erwünschten Grad der Einbeziehung der MitarbeiterInnen zu gewährleisten. Haben die (niedrigerrangigen Führungskräfte und) MitarbeiterInnen lediglich Anweisungen umzusetzen oder werden sie in die Suche nach Entwicklungen und Alternativen mit einbezogen? Und wenn ja, in welchem Maße? *March* (1991) unterscheidet zwei grundsätzliche Formen organisationalen Lernens: Exploitation und Exploration. Exploitation bedeutet, dass die Organisationsmitglieder neue Wege erlernen, damit bestehende organisationale Aktivitäten und Prozeduren verbessert werden und die Effektivität erhöht wird. TQM (*Total Quality Management*; vgl. *Rothlauf*, 2010) oder KVP (*Kontinuierlicher Verbesserungsprozess*, vgl. *Witt & Witt*, 2008).

Fallbeispiel 6: *Operative Exzellenz als Ziel von Veränderung*

Das Beispiel der FilialBank (fiktiver Name) steht für eine mittelgroße deutsche Regionalbank. Die Rahmenbedingungen für die FilialBank haben sich in den vergangenen Jahren signifikant verändert. Günstige Direktanbieter machen die Gewinnung neuer Kunden schwieriger, bestehende Kunden wandern ab. Die Demografie sorgt zusätzlich dafür, dass die Kundenzahl sinkt. Vertriebsseitig machen engere Zinsmargen sowie sinkende Wertpapiertransaktionen und damit niedrigere Provisionserträge Sorgen. Steigend sind dagegen die Kosten: Betriebsausgaben für Gebäude, EDV und Fuhrpark wachsen. Schließlich erzwingen regulatorische Anforderungen höheres Eigenkapital und teils komplexere Abwicklungsprozesse. In Summe ist die Ertragslage noch gut. Der Ausblick aber ist negativ.

Für den Vorstand der FilialBank war der Auftrag daher klar: Das Haus muss sich verändern, will es weiterhin erfolgreich sein. Man beschloss, auch außerhalb der Branche nach erfolgversprechenden Konzepten Ausschau zu halten. Und wurde in der Automobilindustrie fündig.

Bei der Suche nach einem geeigneten Partner stieß die FilialBank auf Porsche: Das Unternehmen litt Ende der achtziger Jahre unter rückläufigen Absätzen. Zusammen mit den MitarbeiterInnen machte das Porschemanagement aus der Not eine Tugend. Unternehmensweit wurden schlanke Prozesse aufgesetzt und seitdem konstant weiterentwickelt.

Mit diesen Erfahrungen wurden die Herausforderungen bei der FilialBank angegangen und die dortigen Prozesse analysiert. In den Pilotworkshops fanden die Teams 15-20% einfach und nachhaltig eliminierbare Verschwendung in den untersuchten Prozessen – damit refinanziert sich das KVP-Programm innerhalb eines knappen Jahres selbst.

Zur Online-Fallstudie:
http://www.uvk-lucius.de/fuehren/fb/17.pdf

Exploration dagegen richtet Organisationsmitglieder darauf hin aus, neue Formen organisationaler Aktivitäten zu suchen, zu erkunden und damit zu experimentieren, um die Effektivität zu erhöhen. Hierbei ist die Handlungslegitimation für die MitarbeiterInnen wieter ausgedehnt. Sie dürfen nicht nur Verbesserungen des Vorhandenen, sondern auch dessen Veränderung ausprobieren. Wohin sich Exploration entwickelt, ist offener als bei Exploitation, bei der das Kriterium klar ist: Das Prinzip bleibt bestehen. Es geht also darum, ob und wie weit und in welcher Hinsicht Partizipation erwünscht wird und um die Einhaltung der gewählten Konzeption, worüber die Führungskräfte zu wachen haben.

3.1.3 Interpretieren und Motivieren: Deutungen nahelegen

Führungskräfte leisten Arbeit in der Interpretation von Information, Prozessen und Ergebnissen. So konzipiert z.B. *Dweck* (1999; *Dweck & Leggett*, 1988) zwei unterschiedliche grundsätzliche Möglichkeiten des Umgangs mit erreichten Ergebnissen. Sie können als Ausweis des Grades vorhandener Kompetenz interpretiert werden. Dann stabilisieren sie das Ergebnis für zukünftige Episoden. Oder sie können als Lerngelegenheit interpretiert werden. Dann stellen sie immer die Ausgangsbasis für Weiterentwicklungen dar. Diese Interpretationsleistungen sind Teil der Symbolischen Führung, indem sie ein dringendes Deutungsangebot machen und bauen auf den Attributionsansatz auf. Führungskräfte haben abzusichern, wenn in Lernenden Organisationen die Werte Lernen, Innovation, Neugier, Ausprobieren, Flexibilität, Initiative konsequent in die Struktur, Organisation und Kultur integriert und gelebt werden sollen (*Popper & Lipshitz*, 1998; *James*, 2002; vgl. auch den Unternehmenskulturansatz von *Schein*, 1992).

3.1.4 Entscheidungen fällen und revidieren

Organisationen existieren und wachsen, weil Führungskräfte die richtigen Entscheidungen treffen – manchmal aufgrund von Fähigkeiten und Erfahrungen, manchmal durch Zufall und Glück. Es gibt für Führungskräfte immer Alternativen, zwischen denen zu entscheiden ist. Zumindest die Entscheidung darüber, ob (überhaupt) eine Aktion durchzuführen ist oder keine. Entscheidungen sind oft nicht völlig durch vorgegebene Regeln etc. determiniert. Häufig hängt die Alternativenwahl auch von aktuellen, durchaus entscheidungsfremden Parametern ab, wie aktuellen Koalitionen, der Informationsverfügbarkeit, Gelegenheit, Timing (vgl. das *Garbage-Can-Modell* der Entscheidungen von *Cohen, March & Olsen*, 1972). Entscheidungen können dadurch unvorhersagbaren, widersprüchlichen, fließenden Charakter bekommen.

Allgemein kann zwischen programmierten und nicht programmierten Entscheidungen unterschieden werden (*Simon*, 1960):

- Programmierte Entscheidungen treten wiederholt und regelmäßig auf. Sie zu fällen werden in Unternehmen Regeln, Standards, Routinen entwickelt. Diese sind häufig in Normen und Werten der Organisationskultur verankert (vgl. *Sackmann*, 1983; *Schein*, 1992).
- Nicht programmierte Entscheidungen sind neuartig und unstrukturiert. Wenn (neuartige) Aufgaben und Herausforderungen auftauchen, müssen Lösungen neu erarbeitet werden. Diese Entscheidungen erfordern mehr Suchaktivitäten, Überlegungen, Abwägungen und Koordination. Sie zwingen Führungskräfte oft, sich auf eigenes Urteilsvermögen, ihre Intuition, Kreativität und Einschätzung zu verlassen, da sie sich nicht auf vorhandene Regeln und Routinen stützen können. Ergebnisse nicht programmierter Entscheidungen können zu neuen Regeln und Normen verdichtet werden, die die Grundlage zu zukünftigen programmierten Entscheidungen bilden.

Organisationen und ihre Führungskräfte müssen in der Lage sein, nicht programmierte Entscheidungen treffen zu können, da diese eine wichtige Grundlage der Anpassung an Umweltveränderungen darstellen. Fällen Führungskräfte keine nicht programmierten Entscheidungen, können ihnen keine Fehler vorgeworfen werden – und deshalb vermeiden das viele Führungskräfte auch. Es kann ihnen aber vorgeworfen werden, dass ihre Entscheidungen nicht ausreichen, das bestmögliche Ergebnis für die Organisation zu erzielen – sie das erst gar nicht versuchen. Organisationen, die nur programmierte Entscheidungen zulassen, lähmen sich selbst und verlieren ihre Adaptabilität an Veränderungen und Entwicklungserfordernisse.

Aber nicht nur Entscheidungen zu fällen ist eine zentrale Aufgabe von Führungskräften; für Wandel und Entwicklung ist es auch besonders wichtig, Entscheidungen revidieren zu können. So identifiziert *Staw* (1978) als eine Ursache für geringes Lernen und falsche Entscheidungen in Organisationen die übermäßige Verpflichtung von Führungskräften gegenüber vergangenen Entscheidungen – auch wenn diese damals unter anderen Voraussetzungen getroffen wurden als die, die mittlerweile gelten (sog. eskalierendes Commitment, vgl. *Moser, Hahn & Galais*, 2000; *Pfeiffer, Schönborn, Mojzisch & Schulz-Hardt* (2007). Oft sind Führungskräfte so darauf bedacht, ihre Entscheidungen der Vergangenheit auch als aus aktueller Sicht richtig erscheinen zu lassen, dass sie – sogar selbst nachdem ihnen klar wird, dass es eine schlechte war – weitere Entscheidungen so treffen, dass die ursprüngliche wieder als einigermaßen gelungen erscheint. Sie investieren also weitere Ressourcen in die bereits erkannt schlechte Entscheidung (Konsistenzstreben, Ruf wahren, Problem der *sunk costs* …). Eine Variante davon ist, an Entscheidungen festzuhalten, die zur damaligen Zeit richtig erschienen, sich durch Veränderungen aber erledigt haben – aus der Befürchtung heraus, sich die Frage nach der damaligen Absehbarkeit gefallen lassen zu müssen. Das Phänomen ist oft ein unerkanntes Problem bei inkrementellen Prozessen, die systematisch die Modifikation bestehender Verhältnisse (z.B. im kontinuierlichen Verbesserungsprozess KVP) gegenüber einer kompletten Veränderung (z.B. Reengineering) bevorzugen.

3.1.5 Mit Widerstand umgehen

Häufig funktioniert geplanter Wandel, vor allem wenn er zentralistisch angeordnet wird, nicht (so wie geplant). Oft verläuft er schleppend und verebbt, Widerstände bremsen ihn aus und andere Themen lenken den Blick davon ab. Ein zentrales Thema bei Wandlungsprozessen ist der Widerstand, der gegenüber Wandlungsprozessen geleistet wird. Widerstand gegen Veränderungen ist üblich – sowohl für Individuen als auch für Organisationen insgesamt. Organisationen als Systeme sind darauf angewiesen, sich erkennbar zu erhalten, das führt zur generischen Abwehr von Veränderungsanforderungen. Eine Hauptquelle für Widerstand ist organisationale Trägheit, d.h. das Bestreben, den Status Quo zu erhalten, gefördert durch Unsicherheitsvermeidung und Unsicherheitsgefühl (vgl. *Greiner*, 1972; *Jones & Bouncken*, 2008, S. 607ff). Wandel muss gut begründet werden, um nicht „automatisch" abgewehrt zu werden. Aber auch auf Individual- und auf Gruppenebene ist Widerstand ein wichtiges Thema bei Veränderungen (vgl. Abb. 6).

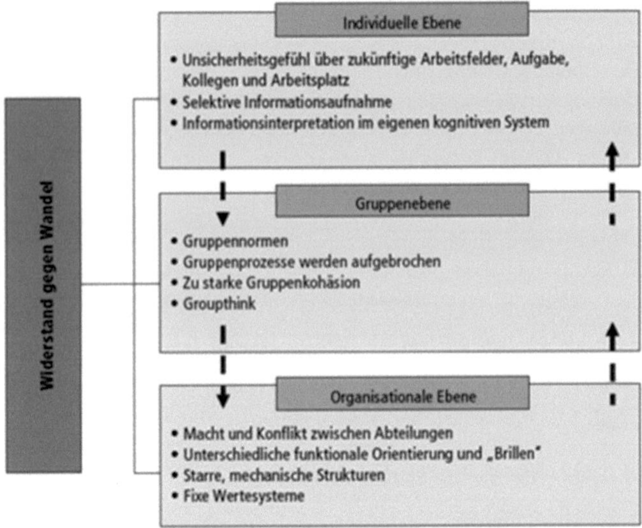

Abb. 6: Widerstand auf verschiedenen Ebenen aus *Jones & Bouncken* (2008, S. 607).

Aktiver Widerstand von Individuen gegen Veränderungen ist nicht einfach das Ergebnis von Ignoranz oder mangelnder Flexibilität, sondern eine natürliche Reaktion von Menschen, die ihre Selbstbestimmung, Interessen und Besitzstände wahren wollen (*Yukl*, 2010, S. 298).

Connor (1995) benennt eine ganze Reihe von Gründen, aus denen Personen sich gegenüber Veränderungen in Organisationen verweigern. Diese Gründe sind nicht alle unabhängig voneinander:

[1] Mangel an Vertrauen in die Proponenten der Veränderung

[2] Annahme, dass die Veränderung nicht notwendig ist

[3] Annahme, dass die Veränderung nicht umsetzbar ist

[4] Ökonomische Bedrohungen (Gehalt, Provisionen, Arbeitsplatzsicherheit, Aufstieg)

[5] Hohe (Neben-)Kosten der Veränderung für die Organisation

[6] Furcht vor zukünftigem persönlichem Versagen (durch Veränderungen in der Expertise)

[7] Furcht vor Verlust an Status und Einfluss

[8] Bedrohung von persönlichen Werthaltungen und Idealen

[9] Ablehnung von Einmischung in den eigenen Handlungsspielraum

Die Gründe lassen sich grob den Kategorien „Misstrauen" (1-3) und „Bedrohungswahrnehmung" (4-9) zuordnen.

In Unternehmen besteht ein sehr differenziertes Feld von Interessen und Motivationen, innerhalb dessen die Veränderung stattfindet. Wie eine Person auf Veränderung reagiert, hängt stark davon ab, in welchem Maß sie davon ausgeht, allgemein mit Veränderungen umgehen zu können, der Selbstwirksamkeitsüberzeugung (*Bandura*, 1977, 1997; *Schyns & von Collani*, 2002; *Molter, Noefer, Stegmaier & Sonntag*, 2013). Diese Einschätzung baut stark auf den Erfahrungen mit bisherigen Veränderungen und den Erfolg dabei auf (*Rafferty & Griffin*, 2006; *Herold, Fedor & Caldwell*, 2007). Je stärker die Person sich den möglichen Veränderungen ausgeliefert fühlt, desto stärker sind Befürchtungen, Angst, Unsicherheit und damit auch die Tendenz, sich vor Veränderungen zu verschließen, was sich in Widerstand ausdrücken kann. Dieser Widerstand wird auch umso stärker sein, je starrer die aktuellen Strukturen und Besitzstände, je größer die Ängste vor der Veränderung und je geringer die vorgesehene Partizipation der MitarbeiterInnen ist.

Doppler & Lauterburg (2008, S. 339) kategorisieren allgemeine Symptome für Widerstand nach den Dimensionen *aktiv – passiv* und *verbal – nonverbal*. Abb. 7 zeigt diese hilfreiche Aufstellung.

	Verbal (*Reden*)	nonverbal (*Verhalten*)
aktiv (*Angriff*)	Widerspruch *Gegenargumentation* *Vorwürfe* *Drohungen* *Polemik* *sturer Formalismus*	Aufregung *Unruhe* *Streit* *Intrigen* *Gerüchte* *Cliquenbildung*
passiv (*Flucht*)	Ausweichen *Schweigen* *Bagatellisieren* *Blödeln* *ins Lächerliche ziehen* *Unwichtiges debattieren*	Lustlosigkeit *Unaufmerksamkeit* *Müdigkeit* *Fernbleiben* *innere Emigration* *Krankheit*

Abb. 7: Allg. Symptome für Widerstand aus *Doppler & Lauterburg* (2008)

Sie bieten vier Reflexions-Grundsätze für den Umgang mit Widerstand (S. 345 f.):

- Es gibt keine Veränderung ohne Widerstand!
- Widerstand enthält immer eine verschlüsselte Botschaft (darüber hinaus, dass Widerstand geleistet wird)!
- Nichtbeachtung von Widerstand führt zu Blockaden!
- *Mit* dem Widerstand, nicht *gegen* ihn gehen!

Nach *Yukl* (2010, S. 297) sind Veränderungen in Organisationen mit höherer Wahrscheinlichkeit erfolgreich, wenn die Führungskräfte

- die Gründe verstehen, aus denen die MitarbeiterInnen darauf eingehen oder Widerstand leisten,
- Phasen und Formen von Veränderungen kennen und
- erkennen wie wichtig es ist, angemessene Modelle zum Verständnis von Problemen in und von Organisationen haben.

Wichtig dafür, dass MitarbeiterInnen Veränderungen akzeptieren und ihnen folgen ist, dass sie Grund und Richtung der Veränderung verstehen und dass sie der Führungskraft (bzw. deren Legitimität, die entsprechende Veränderung umzusetzen) vertrauen.

3.2 Erfolg von Führung in organisationalen Wandlungsprozessen

Yukl (2010, S. 315) stellt auf der Basis von theoretischen Konzepten, Forschungsergebnissen und Praktikererfahrungen 14 Leitsätze für ein die Wahrscheinlichkeit von Erfolg maximierendes Herangehen an umfassenden organisationalen Wandel zusammen:

- Create a sense of urgency about the need for change
- Communicate a clear vision of the benefits to be gained
- Identify people whose support is essential and any likely resistance
- Build a broad coalition to support
- Fill key positions with competent change agents
- Use task forces to guide the implementation of changes
- Empower competent people to help plan and implement change
- Make dramatic, symbolic changes that affect the work
- Prepare people for change by explaining how it will affect them
- Help people deal with the stress and difficulties of major change
- Provide opportunities for early successes to build confidence
- Monitor the progress of change and make any necessary adjustments

- Keep people informed about the progress of change
- Demonstrate continued optimism and commitment to the change

Hierbei lassen sich Ratschläge aus verschiedenen Perspektiven identifizieren: Mikropolitik (Koalitionen bilden), Partizipation, Transparenz, Symbolisches Handeln, Unterstützendes Handeln, Modellverhalten etc. Wie schwer die Anwendung dieser 14 Leitsätze in der Praxis ist, zeigen die Legionen an gescheiterten Veränderungsprozessen in Unternehmen. Die Bedeutung und Tragweite von Führung und Führungshandeln in Veränderungsprozessen zeigt auch das Fallbeispiel 7 auf:

Fallbeispiel 7: *EWA Madrid*

„Seit einigen Jahren unterrichte ich Personalmanagement an der Europäischen Wirtschaftsakademie Madrid. Um den StudentInnen Personalarbeit und Führung auch praktisch nahe zu bringen, wird abschließend im Rahmen eines sog. Unternehmensplanspiels eine Übung zum Change Management durchgeführt.

Die Übung hat sich über die Jahre hinweg gut bewährt. Eine bemerkenswerte Auffälligkeit ist, dass die Studenten nicht nur die Rollen „Geschäftsführung“, „Arbeitnehmervertretung“ und „Mitarbeiter“ funktional unmittelbar annehmen, sondern diese mit entsprechenden Rollenklischees verbinden und diese ausleben. Die eingesetzte Beobachtergruppe kann dies am Ende des Übungstages anhand vieler Beispiele jeweils aufzeigen.

Mit dieser sicherlich sehr kurzen und stark vereinfachten Übungssequenz wird den StudentInnen dennoch vor Augen geführt, welche Herausforderungen es im Change Prozess zu bewältigen gilt, welche Rollen oder welches Verhalten die einzelnen Parteien einnehmen oder zeigen können und wie hiermit durch Kommunikation und Information oder eben durch geeignete Führung und Führungshandeln umgegangen werden kann.“

Zur Online-Fallstudie:
http://www.uvk-lucius.de/fuehren/fb/18.pdf

Jede erfolgreiche Neuausrichtung, sogar jede unorganisierte reaktive Anpassung an Veränderungen, die gemeistert wurde, ist ein Erfolg. Ob es ein Erfolg *der Führung* ist, stellt sich (wieder) als schwierig zu beurteilen dar. Jedenfalls kann aber gelten: Wenn es gelingt, erfolgreichen organisationalen Wandel als Erfolg der Führung zu vermitteln (sei es über symbolische Handlungen, über entsprechende Beeinflussung von Attributionen oder über soziale Lernprozesse), dann *war* es zunächst einmal auch ein Erfolg der Führung. Die Faktoren Führung vs. Andere in der Praxis fein zu unterscheiden, wie das analytisch gelingen kann, ist kaum möglich. Aus Sicht der Systemtheorie (sowohl mit Blick auf die Organisation allein als auch im Blick auf die Wirtschaft insgesamt) ist das ohnehin ein zweckloses Unterfangen. Erfolg mag hier schon „Irritation" sein, was Führung im Wandel als (Nicht-Routine-) Intervention ohnehin ist.

Fallbeispiel 8: *Mittelständisches IT-Unternehmen*

In einem Bereich des betreffenden Unternehmens arbeiten circa 700 hochqualifizierte MitarbeiterInnen, die mittels verschiedenster Medien alle Anfragen rund um das Softwareportfolio des Unternehmens beantworten.

Dort wurden in den vergangenen Jahren sehr viele Veränderungen (von außen) initiiert, zum Beispiel die Umstellung von persönlichen Support-Lösungen für Kunden hin zu internetspezifischen sowie Umstrukturierungen und die Definition neuer Aufgabenschwerpunkte für den Bereich. Dabei waren alle MitarbeiterInnen und Führungskräfte gefordert, nach neuen Wegen zu suchen, Energien zu bündeln und Ressourcen auszuschöpfen. Auch in den kommenden Jahren sollen die Themen „Veränderungsmanagement" und „Ressourcenmanagement" permanente Begleiter des Unternehmens sein. Hierbei sollen die Veränderungsinitiativen verstärkt aus den Reihen der MitarbeiterInnen und Führungskräfte initiiert werden (Bottom-up). Aus diesem Grund startete der Leiter des Bereiches ein Führungskräfteentwicklungsprojekt, das die Wahrnehmung der Führungskräfte und MitarbeiterInnen für diese Themen schärfen, ihr Handlungswissen verbreitern und sie für Umsetzungsinitiativen öffnen soll.

Da aus Sicht der Bereichsleitung und des Unternehmens die Führungsarbeit und damit die Führungskräfte eine erfolgskritische Rolle in diesen Veränderungsprozessen spielen, wurden von Seiten des Unternehmens folgende Zielsetzungen definiert:

- Den Wissens- und Erfahrungsaustausch zu den Themen „Veränderungsmanagement" und „Ressourcenmanagement" fördern.
- Das konkrete Wissen vor allem der Führungskräfte zu den Themen „Veränderungsmanagement" und „Ressourcenmanagement" und zu entsprechenden Handlungstechniken ausbauen.
- Die Bereitschaft und die Motivation der MitarbeiterInnen und Führungskräfte für Veränderungen erhöhen.
- Die Aktivitäten zur Initiierung von Verbesserungsprozessen, Strukturveränderungen und zur Optimierung des Ressourceneinsatzes stärken.
- Die Führungskräfte im Umgang mit eigenen und den Emotionen anderer stärken und das Bewusstsein für die Bedeutung ihrer Führungsarbeit schärfen.

Die ungewohnten Elemente der Prozessarchitektur sollten insbesondere auch durch das Einbauen der Aikido-Elemente aktional und vor allem emotional verstärkt werden. Diese Aspekte wurden in Analogien Veränderung, Ressourcenmanagement und (Selbst-) Führung beziehungsweise Metaphern zu den Inhalten der Workshops gefasst und in konkreten Körperübungen erfahren. Insbesondere wurde viel Aufmerksamkeit in Reflexion und Transferarbeit gelegt.

Der Erfolg des Projektes wurde anhand der Mitarbeiterzufriedenheit, der Bereitschaft zur Umsetzung von Neuerungen und der Anzahl der mitarbeiter- (führungskräfte-) initiierten Veränderungsimpulse gemessen.

Zur Online-Fallstudie:
http://www.uvk-lucius.de/fuehren/fb/19.pdf

Forschungs- und Praktikerliteratur bieten umfangreiche Listen zu Gefahren und hilfreichen Faktoren für organisationale Wandlungsprozesse. So listet z.B. *Jäckel* (2003, S. 648 f.) Fallen im geplanten Wandel als Organisationsentwicklungsprozess aus Sicht einer initiativen Führungskraft:

- Unklarheit im Kontrakt mit einer Projektleitung/Steuerungsgruppe
- Fehlende Rückendeckung vom Top-Management
- Zu dicht am Projekt, dadurch keine Selbstorganisation im Projekt
- Zu fern vom Projekt, dadurch Verlust des Bezugs und Commitments
- Falsche Personen in wichtigen Rollen
- Konflikte mit gegenseitiger Blockade
- Fehlendes Prozessdenken in der Steuerungsgruppe

Kolb (2010, S. 565) nennt in einer Zusammenschau:

- Das Problem überzogener kurzfristiger Erwartungen, die Projekte „mangels Erfolg“ abwürgen,
- Zu starke oder zu häufige Veränderungen können überfordern. Auf jeder Welle mitzuschwimmen kann die Veränderungsfähigkeit real überfordern,
- Vorstellungen, dass es unmittelbare Einsichten und keine Widerstände geben wird,
- Konkurrierende Vorstellungen können Projekte abwürgen, z.B. die Vorstellung von Veränderung zum Nulltarif,
- Informationsdefizite erschweren Veränderungen (können Widerstand erhöhen oder Maßnahmen scheitern lassen, was nicht

geschehen wäre, wenn die Information kommuniziert worden wäre).

Ferner kann nicht jede Organisation jede Interventionsform für sich erfolgreich nutzen oder auch nur ertragen: Bei der Organisationsentwicklung spielt die „Rezeptivität" der Organisation für diese Interventionsstrategie eine wichtige Rolle (*Becker & Langosch*, 2002). Wenn die Organisation nicht bereit ist, Veränderungsprozessen Zeit einzuräumen, die Organisationsmitglieder aktiv partizipieren zu lassen, eine gewisse Toleranz bezüglich rollierender Zielsetzung und Maßnahmen zu zeigen und mitarbeiterorientierte Ziele mit effizienzorientierten zu integrieren, schließt sich Organisationsentwicklung dem Inhalt (oft nicht aber dem Begriff) nach aus.

Empirische Evidenz für die Wirksamkeit von geplanten Veränderungsprozessen ist methodisch belastbar nur schwer zu erlangen. So ergehen sich die Quellen oft in Anekdoten („Am Anfang war das Chaos. Dann aber sprach der HERR (Berater/Manager/Autor)…") oder „best practice"-Schilderungen, die positiv interpretierte Ergebnisse auf genau definierte Interventionen zurückführen, zumeist ohne die Gültigkeit dieses Schlusses wirklich zu prüfen. Schilderungen phantastischer Ergebnisse von Wandlungsprozessen werden ganz anders beleuchtet, wenn man sich die Untersuchungen wie die von *Lieberson & O'Connor* (1972) in der amerikanischen Stahlindustrie geschilderte betrachtet.

Kontinuierliche, langfristige Veränderungen gehen mit vielen veränderten Einflüssen, Zuständen und Faktoren einher, die die Ergebnisse ebenfalls beeinflussen. Revolutionäre Eingriffe können im Ergebnis das Unternehmen so verändern, dass eine Vorher-Nachher-Messung einem Vergleich von Äpfeln und Birnen gliche. So laviert auch *Gebert* (1995) bei seiner Übersicht zu den Auswirkungen von Organisationsentwicklung mit Kriterien- und Methodenfragen und kommt nur zu sehr vorsichtigen Einschätzungen.

Bei betriebswirtschaftlich orientierter Expertenberatung, bei der klar definierte Ziele vorgegeben werden, können (auf diese Zahlen bezogen) eindeutige Kontrollen stattfinden. Schwierig ist in dem Zusammenhang jedoch, mit Abweichungen umzugehen, da sie automatisch als „Misserfolg" zu gelten haben, aber natürlich von den Experten zu externalisieren versucht werden. Bei Organisationsentwicklung, bei der die konkreten Ziele erst im Verlauf der Maßnahme erarbeitet werden, geht das nicht. Noch weniger bei Lernenden Organisationen, dort handelt es sich eher um ein stetiges Voranschreiten, dessen Domänen und Zielausprägungen exakt festzulegen ein Stück der Idee widersprechen würde.

Die genannten Ergebnisse von *Thomas* (1988) zeigen, dass Erfolg in den Mitteln keinen Erfolg in den Zielen garantiert. Die Mittel werden aber häufig als Operationalisierung der Ziele herangezogen. Andererseits zeigen heftige Reaktionen in den Aktienkursen von Unternehmen die Wirkung, die schon offensichtlich symbolische Maßnahmen wie Absichtserklärungen hervorrufen können – vielleicht ein Hinweis darauf, dass in einem stark interessengeprägten Feld „neutrale" Evaluationen nicht nur mit schwerwiegenden methodischen, sondern auch mit massiven politischen Problemen zu kämpfen haben.

Literaturverzeichnis

Aiello, J. R. & Kolb, K. J. (1995). Electronic performance monitoring ans social context: Impact on productivity and stress. *Journal of Applied Psychology*, *80*, 339–353.

Allen, N. J. & Meyer, J. P. (1990). The measurement and antecedents of affective, continuance and normative commitment to the organization. *Journal of Occupational Psychology*, *63*, 1–18.

Antoni, C. H. & Hertel, G. (2009). Team processes, their antecedents and consequences: Implications for different types of teamwork. *European Journal Of Work & Organizational Psychology*, *18*, 253–266.

Argyris, C. & Schön, D. A. (1978). *Organizational learning*. Reading, MA: Addison-Wesley.

Avolio, B. J., Jung, D. I., Murry, W. & Sivasbramaniam, N. (1996). Building highly developed teams: Focusing on shared leadership process, efficacy, trust, and performance. In Beyerlein, M. M., Johnson, D. A. & Beyerlein, S. T. (Hrsg.), *Advances in interdisciplinary studies of work teams. Bd. 3* (S. 173–209). Greenwich: JAI.

Avolio, B. J., Kahai, S. & Dodge, G. E. (2001). E-Leadership: Implications for theory, research, and practice. *Leadership Quarterly*, *11*, 615–670.

Avolio, B. J., Walumba, F. O. & Weber, T. J. (2009). Leadership: Current theories, research, and future directions. *Annual Review of Psychology*, *60*, 421–449.

Bal, J. & Teo, P. K. (2001). Implementing virtual teamworking: Part 3 – a methodology for introducing virtual teamworking. *Logistics Information Management*, *14*(4) 276–292.

Bales, R. F. & Slater, P. E. (1969). Role Differentiation in Small Decision Making Groups. In Gibb, C. (Hrsg), *Leadership* (S. 255–276). Harmondsworth: Penguin.

Baltes, B. B., Dickson, M. W., Sherman, M. P., Bauer, C. C. & LaGanke, J. S. (2002). Computer-mediated communication and group decision making: A meta-analysis. *Organizational Behavior and Human Decision Processes*, *87*, 156–179.

Bandura, A. (1977). Self-Efficacy: Toward a Unifying Theory of Behavioral Change. *Psychological Review*, *84*, 191–215.

Bartels, L. K. & Nordström, C. R. (2012). Examining Big Brother's Purpose for Using Electronic Performance Monitoring. *Performance Improvement Quarterly*, *25*, 65–77.

Bass, B. M. & Avolio, B. (1994). *Improving organizational effectiveness through transformational leadership.* Thousand Oaks, CA: Sage.

Bea, F. X., Scheurer, S. & Hesselmann, S. (2011). *Projektmanagement* (2. Aufl.). München: UVK.

Bea, F. X. & Haas, J. (2013). Strategisches Management (6. Aufl.). München: UVK.

Becker, H. & Langosch, I. (1984). *Produktivität und Menschlichkeit.* Stuttgart: Enke.

Becker, H. & Langosch, I. (2002). *Produktivität und Menschlichkeit* (5. Aufl.). Stuttgart: Lucius & Lucius.

Bell, B. S. & Kozlowski, S. W. J. (2002). A typology of virtual teams: Implications for effective leadership. *Group and Organization Management*, *27*, 14–49.

Bennis, W. G. & Nanus, B. (1985). *Leaders: The strategies for taking charge.* New York: Harper and Row.

Bergiel, B. J., Bergiel, E. B. & Balsmeier, P. W. (2008). Nature of virtual teams: a summary of their advantages and disadvantages. *Management Research News*, *31*, 99–110.

Bolden, R. (2011). Distributed leadership in organizations: A review of theory and research. *International Journal of Management Review*, *13*, 251–269.

Bouncken, R. B. (2003). *Organisationale Metakompetenzen: Theorie, Wirkungszusammenhänge, Ausprägungsformen und Identifikation.* Wiesbaden: Gabler.

Braitenberg, V. (1984). *Vehicles: experiments in synthetic psychology.* Cambridge, Mass.: MIT Press.

Breaugh, J. A. (1985). The measurement of work autonomy. *Human Relations*, *38*, 551–570.

Burke, C. S., Stagl, K. C., Klein, C., Goodwin, G. F., Salas, E. & Halpin, S. M. (2006). What type of leadership behaviors are functional in teams? A meta-analysis. *The Leadership Quarterly*, *17*, 288–307.

Büssing, A. (2000). *Identität und Vertrauen durch Arbeit in virtuellen Organisationen. Computervermittelte Kommunikation in Organisationen* (S. 57–72). Göttingen: Hogrefe.

Büssing, A., Drodofsky, A. & Hegendörfer, K. (2003). *Telearbeit und Qualität des Arbeitslebens – Ein Leitfaden zur Analyse, Bewertung und Gestaltung*. Göttingen: Hogrefe.

Büssing, A. & Konradt, U. (2006). Telekooperation. In B. Zimolong & U. Konradt (Hrsg.), *Ingenieurpsychologie*. Göttingen: Hogrefe.

Carson, J. B.,Tesluk, P. E. & Marrone, J. A. (2007). Shared leadership in teams: an investigation of antecedent conditions and performance. *Academic Managemant Journal*, *50*, 1217–1234.

Cheshin, A., Rafaeli, A. & Bos, N. (2011). Anger and happiness in virtual teams: Emotional influences of text and behavior on others' affect in the absence of non-verbal cues. *Organizational Behavior and Human Decision Processes*, *116*, 2–16.

Cohen, M. D., March, J. G. & Olsen, J. P. (1972). A Garbage Can Model of Organizational Choice. *Administrative Science Quarterly*, *17*, 1–25.

Cohen, S. G. & Bailey, D. E. (1997). What makes teams work: Group effectiveness research from the shop floor to the executive suite. *Journal of Management*, *23*, 239–290.

Corsten, H., Corsten, H. & Gössinger, R. (2008). *Projektmanagement: Einführung* (2. Aufl.). München: Oldenbourg.

Cronin, M. A. & Weingart, L. R. (2007). Representational gaps, information processing, and conflict in functionally diverse teams. *Academy of Management Review*, *32*, 761–773.

Dennis, A. R. & Valacich, J. S. (1999). Rethinking media richness: Toward a Theory of Media Synchronicity. *Systems Science; Proceeding of the 32nd HICSS*.

DeRosa, D. M. & Lepsinger, R. (2010). *Virtual team success*. San Francisco, CA: Jossey-Bass.

Deutsches Institut für Normung (2009). *DIN 69901 – DIN-Norm Projektmanagement/Projektmanagementsysteme*. Berlin: Beuth.

Dilts, R. (1990). *Changing beliefs with NLP*. Cupertino: Meta Publications.

Doppler, K. & Lauterburg, C. (2008). *Change Management. Den Unternehmenswandel gestalten* (12. Aufl.). Frankfurt/M.: Campus.

Dörner, D. (2008). *Die Logik des Mißlingens: strategisches Denken in komplexen Situationen* (7. Aufl.). Reinbek bei Hamburg: Rowohlt.

DSouza, G. C. & Colarelli, S. M. (2010). Team member selection decisions for virtual versus face-to-face teams. *Computers in Human Behavior, 26*, 630–635.

Duarte, D. L. & Snyder, N. T. (2006). *Mastering virtual teams* (3. Aufl.). San Francisco, CA: Jossey-Bass.

Dunbar, R. L. M., Garud, R. & Raghuram, S. (1996). *A frame for reframing in strategic analysis.*

Dweck, C. S. (1999). *Self-theories: Their role in motivation, personality, and development.* Philadelphia, PA: Psychology Press.

Dweck, C. S. & Leggett, E. L. (1988). A social-cognitive approach to motivation and personality. *Psychological Review, 95*, 256–273.

Ebrahim, N. A., Ahmed, S. & Taha, Z. (2009). Virtual Teams: a Literature Review. *Australian Journal of Basic and Applied Sciences, 3*(3) 2653–2669.

Eichenberg, T. (2007). *Distance Leadership: Modellentwicklung, empirische Überprüfung und Gestaltungsempfehlungen.* Wiesbaden: DUV.

Emery, F. E. & Thorsrud, E. (1964). *Form and content in Industrial Democracy.* London: Tavistock.

Felfe, J., Six, B., Schmook, R. & Knorz, C. (2002). Fragebogen zur Erfassung von affektivem, kalkulatorischem und normativem Commitment gegenüber der Organisation, dem Beruf/der Tätigkeit und der Beschäftigungsform (COBB). In Glöckner-Rist, A. (Hrsg.), *ZUMA-Informationssystem. Elektronisches Handbuch sozialwissenschaftlicher Erhebungsinstrumente. Version 6.00.* Mannheim: Zentrum für Umfragen, Methoden und Analysen.

Fink, L. (2007). Coordination, learning, and innovation: The organizational roles of e-collaboration and their impacts. *International Journal of e-Collaboration, 3 (3)*, 53–70.

Fisch, R., Beck, D. & Englich, B. (2001). *Projektgruppen in Organisationen.* Göttingen: Hogrefe.

Fischer, O. & Manstead, A. (2004). Computer-mediated Leadership: Deficits, Hypercharisma, and the Hidden Power of Social Identity. *Zeitschrift für Personalforschung, 18 (1–4)*, 306–328.

Fisher, R. & Sharp, A. (1998). *Getting it done. How to lead when you're not in charge.* New York: Harper Business Press.

Fiske, S. T. & Taylor, S. E. (2013). *Social cognition. From brains to culture* (2. Aufl.). Los Angeles, CA: Sage.

Fjermestad, J. (2004). An analysis of communication mode in group support systems research. *Decision Support Systems, 37*, 239–263.

Fleishman, E. A., Zaccaro, S. J. & Mumford, M. D. (1991). Individual Differences and Leadership: An Overview. *Leadership Quarterly*, 2, 237–243.

Forsyth, D. R. (2009). *Group dynamics* (5. Aufl.). Belmont, CA: Wadsworth.

Franke, J. (1980). *Sozialpsychologie des Betriebes: Erkenntnisse u. Ansätze zur Förderung d. innerbetrieblichen Zusammenarbeit.* Stuttgart: Enke.

French, W. L. & Bell, C. H. (1973). *Organization development. Behavioral science interventions for organization improvement.* Englewood Cliffs, NJ: Prentice-Hall.

Friedlander, F. & Brown, L. (1974). *Organization Development. Annual Review of Psychology, 25*, 313–341.

Fydrich, T. (2009). Arbeitsstörungen und Prokrastination. *Psychotherapeut, 54*, 318–325.

Gaudes, A., Hamilton-Bogart, B., Marsh, S. & Robinson, H. (2007). A framework for constructing effective virtual teams. *The Journal of E-Working, 1*, 83–97.

Gebert, D. (1995). Interventionen in Organisationen. In H. Schuler (Hrsg.), *Organisationspsychologie* (S. 481–494). Bern: Hans Huber.

Geister, S. & Scherm, M. (2004). Online-Feedback-Systeme: Die Einsatzfelder „virtuelle Teamarbeit“ und „360-Grad-Feedback“. In G. Hertel & U. Konradt (Hrsg.), *Human Resource Management im Inter- und Intranet* (S. 148–168). Göttingen: Hogrefe.

Gersick, C. J. & Hackman, J. R. (1990). Habitual routines in task-performing groups. *Organizational Behavior and Human Decision Processes, 47*, 65–97.

Gockel, C. & Werth, L. (2010). Measuring and modeling shared leadership. *Journal of Personnel Psychology, 9*, 172–180.

Golembiewski, R. T., Billingsley, K. & Yeager, S. (1976). Measuring change and persistence in human affairs: Types of change generated by OD designs. *The Journal of Applied Behavioral Science, 12(2)*, 133–157.

Good, D. (2007). Success in Distributed Working: Very Near Term Effects and a Way to measure them. *The Electronic Journal for Virtual Organizations and Networks, 9*(Special Issue „The Limits of Virtual Work") 101–118.

Govindarajan, V. & Gupta, A. K. (2001). Building an effective global business team. *MIT Sloan Management Review, 42(4)*, 63–71.

Graen, G. B. & Graen, J. A. (Hrsg.). (2007). *New multinational network sharing*. Charlotte, NC: Information Age.

Greiner, L. E. (1972). Evolution and revolution as organizations grow. *Harvard Business Review, 50(4)*, 37–46.

Gronn, S. (2002). Distributed leadership as a level of analysis. *Leadership Quarterly, 13*, 423–451.

Haberstroh, M. & Wolf, J. (2005). Individuelle Autonomie in Projekt-Teams. In Högl, M. & Gemünden, H. G. (Hrsg.), *Management von Teams. Theoretische Konzepte und empirische Befunde* (3. Aufl.). Wiesbaden: DUV.

Hackman, J. R. (1987). The design of work teams. *Ariel, 129*, 32–197.

Hackman, J. R. & Oldham, G. R. (1976). Motivation through the design of work: Test of a theory. *Organizational Behavior and Human Performance, 16*, 250–279.

Hackman, J. R. & Walton, R. E. (1986). Leading groups in organizations. In Goodman, P. S. (Hrsg.), *Designing effective work groups*. San Francisco: Jossey-Bass.

Hammer, M. & Champy, J. A. (1993). *Reengineering the Corporation: A Manifesto for Business Revolution*. New York: Harper Business Books.

Handy, C. (1995). Trust and the virtual organization. *Harvard Business Review, 73*, 40–50.

Hannah, S. T., Uhl-Bien, M., Avolio, B. J. & Cavarretta, F. L. (2009). A framework for examining leadership in extreme contexts. *The Leadership Quarterly, 20*, 897–919.

Heckhausen, H. (1989). *Motivation und Handeln* (2. Aufl.). Berlin: Springer.

Heinz, U. (2005). *Führung und Kooperation als Erfolgsfaktoren in innovativen F&E-Projekten auf elektronischen Plattformen*. Berlin: Technische Universität, Dissertation.

Hemphill, J. K. (1961). Why people attempt to lead. In Petrullo, L. & Bass, B. M. (Hrsg.), *Leadership and interpersonal behavior* (S. 201–215). New York: Holt, Rinehart & Winston.

Hernes, G. (1976). Structural change in social processes. *American Journal of Sociology*, *82*, 513–547.

Herold, D. M., Fedor, D. B. & Caldwell, S. D. (2007). Beyond change management: A multi-level investigation of contextual and personal influences on employees' commitment to change. *Journal of Applied Psychology*, *87*, 474–487.

Herrmann, D., Hüneke, K. & Rohrberg, A. (2012). *Führung auf Distanz. Mit virtuellen Teams zum Erfolg* (2. Aufl.). Wiesbaden: Springer Gabler.

Hertel, G., Geister, S. & Konradt, U. (2005). Managing virtual teams: A review of current empirical research. *Human Resource Management Review*, *15*, 69–95.

Hertel, G. & Konradt, U. (2007). *Telekooperation und virtuelle Teamarbeit.* München: Oldenburg.

Hertel, G., Konradt, U. & Voss, K. (2006). Competencies for virtual teamwork: Development and validation of a web–based selection tool for members of distributed teams. *European Journal of Work and Organizational Psychology*, *15*, 477-504.

Hertel, G. & Orlikowski, B. (2012). Projektmanagement in ortsverteilten „virtuellen" Teams. In Wastian, M./Braumandl, I./Rosenstiel, L. von (Hrsg.), *Angewandte Psychologie für das Projektmanagement* (2. Aufl., S. 327–346). Heidelberg: Springer.

Hinds, P. J. & Weisband, S. P. (2003). Knowledge sharing and shared understanding in virtual teams. In Gibson, C. B. & Cohen, S. G. (Hrsg.), *Virtual teams that work: Creating conditions for virtual team effectiveness* (S. 21-36). San Francisco, CA: Jossey-Bass.

Hoch, J. E., Andreßen, P. & Konradt, U. (2007). E-Leadership und die Bedeutung verteilter Führung. *Wirtschaftspsychologie*, *9 (3)*, 50–58.

Hoch, J. E., Pearce, C. L. & Welzel, L. (2010). Is the Most Effective Team Leadership Shared? *Journal of Personnel Psychology*, *9*, 105–116.

Hoff, E.-H., Grote, S., Dettmer, S., Hohner, H.-U. & Olos, L. (2005). Work-Life-Balance: Berufliche und private Lebensgestaltung von Frauen und Männern in hochqualifizierten Berufen. In: *Zeitschrift für Arbeits- und Organisationspsychologie 49 4*, S. 196–207. Göttingen: Hogrefe.

Högl, M. & Gemünden, H. G. (1999). Determinanten und Wirkungen der Teamarbeit in innovativen Projekten: Eine theoretische und empirische Analyse. *Zeitschrift für Betriebswirtschaft, Ergänzungsheft 2/99*, 35–62.

Houghton, J. D., Neck, C. P. & Manz, C. C. (2003). Self-leadership and superleadership. In Pearce, C. L. & Conger, J. A. (Hrsg.), *Shared leadership: Reframing the hows and whys of leadership* (S. 123–140). Thousand Oaks, CA: Sage.

Hunsaker, P. L. & Hunsaker, J. S. (2008). Virtual teams: a leader's guide. *Team Performance Management*, *14*, 86–101.

Jäckel, H. (2003). Organisationsentwicklung für Führungskräfte. In Rosenstiel, L. von, Regnet, E. & Domsch, M. (Hrsg.), *Führung von Mitarbeitern* (5. Aufl., S. 639–649). Stuttgart: Schäffer-Poeschel.

James, B. G. (1973). The theory of corporate life cycle. *Long Range Planning*, *6 (2)*, 68–74.

James, C. R. (2002). Designing learning organizations. *Organizational Dynamics*, *32*, 46–61.

Jarvenpaa, S. L. (1998). Communication and trust in global virtual teams. *Journal of Computer Mediated Communication*, *3*, 165–198.

Johnson-Laird, P. N. (1983). *Mental models: Towards a cognitive science of language, inferences, and consciousness.* Cambridge: Cambrigde University Press.

Jones, G. R. & Bouncken, R. B. (2008). *Organisation. Theorie, Design und Wandel* (5. Aufl.). München: Pearson.

Jones, Q., Ravid, G. & Rafaeli, S. (2004). Information overload and the message dynamics of online interaction spaces: A theoretical model and empirical exploration. *Information Systems Research*, *15*, 194–210.

Jöns, I. (Hrsg.). (2008). *Erfolgreiche Gruppenarbeit: Konzepte, Instrumente, Erfahrungen.* Wiesbaden: Gabler.

Kahneman, D. & Tversky , A. (1979). Intuitive prediction: Biases and correctiveprocedures. *Management Science*, *12*, 313–327.

Katz, R. & Kahn, R. L. (1978). *The Social Psychology of Organizations* (2. Aufl.). New York: Wiley.

Kauffeld, S. & Schneider, H. (2011). Organisationsentwicklung und -beratung. In Kauffeld, S. (Hrsg.), *Arbeits-, Organisations- und Personalpsychologie* (S. 51–66). Heidelberg: Springer.

Kauffeld, S. & Schulte, E.-M. (2012). Teamentwicklung und Teamführung. In Heimerl, P. & Sichler, R. (Hrsg.), *Strategie – Organisation – Personal – Führung* (S. 559–594). Wien: Facultas.

Kehr, H. M. (2001). Volition und Motivation: Zwischen impliziten Motiven und expliziten Zielen. *Personalführung*, *4*, 20–28.

Keller, R. T. (1992). Transformational leadership and the performance of research and development project groups. *Journal of Management*, *18*, 489–501.

Kerr, S. & Jermier, J. M. (1978). Substitutes for Leadership: Their Meaning and Measurement. *Organizational Behavior and Human Performance*, 22, 375–403.

Kerr, S. & Mathews, C. S. (1995). Führungstheorien – Theorie der Führungssubstitution. In A. Kieser, G. Reber & R. Wunderer (Hrsg.), *Handwörterbuch der Führung* (2. Aufl., S. 1021–1034). Stuttgart: Schäffer-Poeschel.

Kiesler, S., Siegel, J. & McGuire, T. W. (1984). Social psychological aspects of computer-mediated communication. *American Psychologist*, *39*, 1123–1134.

Klein, H. J., Wesson, M. J., Hollenbeck, J. R. & Alge, B. J. (1999). Goal commitment and the goal setting process: Conceptual clarification and empirical synthesis. *Journal of Applied Psychology*, *84*, 885–896.

Kleinbeck, U. (2006). Das Management von Arbeitsgruppen. In Schuler, H. (Hrsg.), *Lehrbuch der Personalpsychologie* (2. Aufl., S. 651–672). Göttingen: Hogrefe.

Klimecki, R. (1984). *Laterale Kooperation – Grundlagen eines Analysemodells in horizontaler Arbeitsbeziehungen in funktionalen Systemen.* Bern: Haupt.

Klingsieck, K. B. & Fries, S. (2012). Allgemeine Prokrastination. Entwicklung und Validierung einer deutschsprachigen Kurzskala der General Procrastination Scale (Lay, 1986). *Diagnostica*, *58*, 182–193.

Kogler Hill, S. E. (2010). Team leadership. In Northouse, P. G. (Hrsg.), *Leadership. Theory and practice* (5. Aufl., S. 241–270). Los Angeles, CA: Sage.

Kolb, M. (2010). *Personalmanagement. Grundlagen und Praxis des Human Resources Managements* (2. Aufl.). Wiesbaden: Gabler.

König, C. J. & Kleinmann, M. (2007). Time management problems and discounted utility. *Journal of Psychology*, *141*, 321–334.

Konradt, U. & Hertel, G. (2002). *Management virtueller Teams. Von der Telearbeit zum virtuellen Unternehmen.* Weinheim: Beltz.

Konradt, U. & Hoch, J. E. (2007). A work roles and leadership functions of managers in virtual teams. *International Journal of e-Collaboration, 3 (2)*, 16–35.

Konradt, U. & Köppel, P. (2008). *Erfolgsfaktoren virtueller Kooperationen: Best Practices von Microsoft Deutschland GmbH und Telefónica O2 Germany Gmbh & Co. OHG*. Gütersloh: Bertelsmann.

Köppel, P. (2007). Kulturelle Diversität in virtuellen Teams. In D. Wagner & B.-F. Voigt (Hrsg.), *Diversity-Management als Leitbild von Personalpolitik* (S. 273–292). Wiesbaden: DUV.

Köppel, P. & Sattler, A. (2009). Virtuelle Kooperationen. *Personal, 01/09*, 26–28.

Kotter, J. P. (1996). *Leading change*. New York: McGraw-Hill.

Kozlowski, S. W., Gully, S. M., Salas, E. & Cannon-Bowers, J. A. (1996). Team leadership and development: Theory, principles, and guidelines for training leaders and teams. In Beyerlein, M., Johnson, D. & Beyerlein, S. (Hrsg.), *Advances in interdisciplinary studies of work teams: Team leadership* (S. 251–289). Greenwich, CT: JAI.

Kozlowski, S. W. & Ilgen, D. R. (2006). Enhancing the effectiveness of work groups and teams. *Psychological science in the public interest, 7*, 77–124.

Kühl, S. & Matthiesen, K. (2012). Wenn man mit Hierarchie nicht weiterkommt: Zur Weiterentwicklung des Konzepts des Lateralen Führens. In Grote, S. (Hrsg.), *Zukunft der Führung* (S. 531–556). Berlin: Springer.

Kühl, S., Schnelle, T. & Schnelle, W. (2004). Führen ohne Führung. *Harvard Business Manager, 01/04*, 70–79.

Kuster, J., Huber, E., Lippmann, R., Schmid, A., Schneider, E., Witschi, U. & Wüst, R. (2011). *Handbuch Projektmanagement* (3. Aufl.). Berlin: Springer.

Latané, B., Williams, K. D. & Harkins, S. (1979). Many hands make light the work: The causes and consequences of social loafing. *Journal of Personality and Social Psychology, 37*, 822–832.

Lenk, T. (2002). „teamspace" – Erfahrungen mit einem Portal für virtuelle Teamarbeit. *Wirtschaftspsychologie, 4(4)*, 55–61.

Lenz, R. (2007). Virtuelle Teamarbeit – ein Produkt der Globalisierung. *Die Neue Hochschule: Nachrichten, Meinungen, Berichte, 49*(4–5), 36–39.

Levasseur, R. E. (2012). People skills: Leading virtual teams – a change management perspective. *Interfaces*, *42*, 213–216.

Levy, A. & Merry, U. (1986). *Organizational transformation. Approaches, strateiges, theories.* New York: Preager.

Lewin, K. (1931). *Die psychologische Situation bei Lohn und Strafe.* Leipzig: Hirzel.

Lewin, K. (1948). *Resolving social conflicts. Selected Papers on Group Dynamics.* New York: Harper & Row.

Lichtenstein, B. B., Uhl-Bien, M., Marion, R., Seers, A., Orton, J. D. & Schreiber, C. (2007). Complexity leadership theory: an interactive perspective on leading in complex adaptive systems. In Hazy, J. K., Goldstein, J. A. & Lichtenstein, B. B. (Hrsg.), *Complex Systems Leadership Theory: New Perspectives from Complexity Science on Social and Organizational Effectiveness* (S. 129–141). Mansfield, MA: ISCE.

Lieberson, S. & O'Connor, J. F. (1972). Leadership and Organizational Performance: A Study of Large Corporations. *American Sociological Review*, 37, 117–130.

Lipnack, J. & Stamps, J. (1998). *Virtuelle Teams: Projekte ohne Grenzen. Teambildung, virtuelle Orte, intelligentes Arbeiten, Vertrauen in Teams.* Wien: Ueberreuther.

Lippitt, R., Watson, J. & Westley, B. (1958). *Dynamics of planned change.* New York: Harcourt Brace.

Malhotra, A., Majchrzak, A. & Rosen, B. (2007). Leading virtual teams. *The Academy of Management Perspectives*, *21*, 60–70.

Manz, C. C. (1986). Self-leadership: Toward an expanded theory of self-influence processes in organizations. *Academy of Management Review*, *11*, 585–600.

Manz, C. C. (1991). Leading employees to be self-managing and beyond: Toward the establishment of self-leadership in organizations. *Journal of Management Systems*, *3*, 15–24.

March, J. G. (1991). Exploration and exploitation in organizational learning. *Organization Science*, *2*, 71–87.

Martins, L. L., Gilson, L. L. & Maynard, M. T. (2004). Virtual teams: What do we know and where do we go from here? *Journal of Management*, *30*, 805–835.

Mathieu, J., Maynard, M. T., Rapp, T. & Gilson, L. (2008). Team effectiveness 1997–2007: A review of recent advancements and a glimpse into the future. *Journal of Management*, *34*, 410–476.

McGrath, J. E. (1962). *Leadership behavior: Some requirements for leadership training*. Washington, DC: US Civil Service.

McGrath, J. E. (1984). *Groups: Interaction and performance*. Englewood Cliffs, NJ: Prentice-Hall.

McNall, L. A. & Roch, S. G. (2009). A Social Exchange Model of Employee Reactions to Electronic Performance Monitoring. *Human Performance*, *22*, 204–224.

Mehra, A., Smith, B. R., Dixon, A. L. & Robertson, B. (2006). Distributed leadership in teams: The network of leadership perceptions and team performance. *The Leadership Quarterly*, *17*, 232–245.

Mehrabian, A. (1972). *Nonverbal communication*. Chicago: Aldine-Atherton.

Meyer, J. P., Stanley, D. J., Herscovitch, L. & Topolnytsky, L. (2002). Affective, continuance, and normative commitment to the organization: A meta-analysis of antecedents, correlates, and consequences. *Journal of Vocational Behavior*, *61*, 20–52.

Miller, D. & Friesen, P. (1980). Archetypes of organizational transition. *Administrative Science Quarterly*, *25*, 268–299.

Miller, K. I. & Monge, P. R. (1986). Participation, satisfaction, and productivity: A meta-analytic review. *Academy of Management Journal*, *29*, 727–753.

Molter, B., Noefer, K., Stegmaier, R. & Sonntag, K. (2013). Die Bedeutung von Berufserfahrung für den Zusammenhang zwischen Alter, entwicklungsbezogener Selbstwirksamkeit und Anpassung an organisationale Veränderungen. *Zeitschrift für Arbeits- und Organisationspsychologie*, *57*, 22–31.

Morgeson, F. P., DeRue, D. S. & Karam, E. P. (2010). Leadership in teams: A functional approach to understanding leadership structures and processes. *Journal of Management*, *36*, 5–39.

Mortensen, M., Caya, O. & Pinsonneault, A. (2010). Virtual teams demystified: an integrative framework for understanding virtual teams and a synthesis of research. In *MIT Sloan School Working Papers* (Bde. 4772-10). Cambridge, Mass.: MIT.

Moser, K. (1996). *Commitment in Organisationen*. Bern: Huber.

Moser, K., Hahn, T. & Galais, N. (2000). Expertentum und eskalierendes Commitment. *Gruppendynamik und Organisationsberatung*, *31*, 439–449.

Mowday, R., Porter, L. & Steers, R. (1979). The measurement of organizational commitment. *Journal of Vocational Behavior, 14*, 224–247.

Mumford, M. D., Scott, G. M., Gaddis, B. & Strange, J. M. (2002). Leading creative people: orchestrating expertise and relationships. *Leadership Quarterly, 13*, 705–750.

Nerdinger, F. W. (2011). Teamarbeit. In Nerdinger, F. W., Blicke, G. & Schaper, N. (Hrsg.), *Arbeits- und Organisationspsychologie* (2. Aufl., S. 95–109). Berlin: Springer.

Neuberger, O. (1990). *Führen und geführt werden* (3. Aufl.). Stuttgart: Enke.

Neuberger, O. & Kompa, A. (1987). *Wir, die Firma. Der Kult um die Unternehmenskultur.* Weinheim: Beltz.

Nooteboom, B. (2002). *Trust. Forms, foundations, functions, failures and figures.* Cheltenham: Elgar.

Oechsler, W. A. (2011). *Personal und Arbeit: Grundlagen des Human Resource Management und der Arbeitgeber-Arbeitnehmer-Beziehungen* (9. Aufl.). München: Oldenbourg.

O'Leary, M. B. & Cummings, J. (2007). The spatial, temporal and configurational characteristics of geographic dispersion in teams. *Management of Information Systems Quarterly, 31*, 433–452.

Olfert, K. (2012). *Projektmanagement* (8. Aufl.). Herne: Kiehl.

Orlikowski, B., Hertel, G. & Konradt, U. (2004). Führung und Erfolg in virtuellen Teams – Eine empirische Studie. *Arbeit – Zeitschrift für Arbeitsforschung, Arbeitsgestaltung und Arbeitspolitik, 13*, 33–47.

Parsons, T. (1951). *The social system.* Glencoe, Ill.: Free Press.

Pawlowsky, P. (2008). Führung in Hochleistungssystemen. In Sackmann, S. A. (Hrsg.), *Mensch und Ökonomie. Wie sich Unternehmen das Innovationspotenzial dieses Wertespagats erschließen* (S. 303–316). Wiesbaden: Gabler.

Pearce, C. L. (2004). The future of leadership: combining vertical and shared leadership to transform knowledgework. *Academic Management Executive, 18*, 47–57.

Pearce, C. L. & Conger, J. A. (Hrsg.). (2003). *Shared leadership: Reframing the hows and whys of leadership.* Thousand Oaks, CA: Sage.

Pearce, C. L., Hoch, J. E., Jeppesen, H. J. & Wegge, J. (2010). New forms of management: Shared and distributed leadership in organizations. *Journal of Personnel Psychology, 9*, 151–153.

Pearce, C. L. & Sims, H. P. (2002). Vertical versus shared leadership as predictors of the effectiveness of change management teams: An examination of aversive, directive, transactional, transformational and empowering leader behaviors. *Group Dynamics: Theroy, Research, and Practice, 6*, 172–197.

Pfeiffer, F., Schönborn, S., Mojzisch, A. & Schulz-Hardt, S. (2007). Der Einfluss einer uneindeutigen Informationslage auf eskalierendes Commitment. *Zeitschrift für Arbeits- und Organisationspsychologie, 51*, 168–179.

Piecha, A., Wegge, J., Werth, L. & Richter, P. G. (2012). Geteilte Führung in Arbeitsgruppen – ein Modell für die Zukunft? In Grote, S. (Hrsg.), *Die Zukunft der Führung* (S. 557–572). Berlin: Springer.

Popper, M. & Lipshitz, R. (1998). Organizational learning mechanisms: A structural and cultural approach to organizational learingn. *Journal of Applied Behavioral Science, 34*, 161–179.

Probst, G. & Büchel, B. (1998). *Organisationales Lernen* (2. Aufl.). Wiesbaden: Gabler.

Rack, O., Tschaut, A., Giesser, C. & Clases, C. (2011). Collective Information Management – Ein Ansatzpunkt zum Umgang mit Informationsflut in virtueller Teamarbeit. *Wirtschaftspsychologie, 13(3)*, 41–51.

Rafferty, A. E. & Griffin, M. A. (2006). Perceptions of organizational change: A stress and coping perspective. *Jornal of Applied Psychology, 91*, 1154–1162.

Reichwald, R., Möslein, K., Sachenbacher, H. & Englberger, H. (2000). *Telekooperation, verteilte Arbeits- und Organisationsformen* (2. Aufl.). Berlin: Springer.

Remdisch, S. & Utsch, A. (2006). Führen auf Distanz. Neue Herausforderungen für Organisation und Management. *OrganisationsEntwicklung, 25 (3)*, 32–42.

Riener, G. & Wiederhold, S. (2012). Team building and hidden costs of control. In *DICE Discussion Paper No. 66.* Düsseldorf: Heinrich-Heine-Universität.

Riethmüller, M. & Boos, M. (2011). Zwischen Aufgaben-Medien-Passung und Teamleistung: EIn Blick in die Blackbox der Kommunikation. *Wirtschaftspsychologie, 13(3)*, 21–30.

Rothlauf, J. (2010). *Total quality management in Theorie und Praxis: Zum ganzheitlichen Unternehmensverständnis* (3. Aufl.). München: Oldenbourg.

Ryser, T., Schulze, H., Vollmer, A., Huber, C., Müller, H., Turkier, Y. & Leuthold, C. (2011). Eine handlungsorientierende Typisierung globaler und virtueller Kooperationsformen. *Wirtschaftspsychologie, 13(3)*, 7–20.

Sackmann, S. (1983). Organisationskultur: Die unsichtbare Einflußgröße. *Gruppendynamik, 14*, 393–406.

Schaper, N. (2011). Arbeit, Freizeit und Persönlichkeit. In Nerdinger, F. W., Blickle, G. & Schaper, N. (Hrsg.), *Arbeits- und Organisationspsychologie* (2. Aufl., S. 475–495). Berlin: Springer.

Scheck, S., Allmedinger, K. & Hamann, K. (2008). The effects od media richness on multilateral negotiations in a collaborative virtual environment. *Journal of Media Psychology, 20*, 57–66.

Schein, E. H. (1995). *Unternehmenskultur. Ein Handbuch für Führungskräfte.* Frankfurt: Campus.

Schiersmann, C. & Thiel, H.-U. (2011). *Organisationsentwicklung. Prinzipien und Strategien von Veränderungsprozessen* (3. Aufl.). Wiesbaden: VS Verlag für Sozialwissenschaften.

Scholl, W. (2005). Grundprobleme der Teamarbeit und ihre Bewältigung. Ein Kausalmodell. In Högl, M. & Gemünden, H. G. (Hrsg.), *Management von Teams. Theoretische Kontepte und empirische Befunde* (3. Aufl., S. 33–66). Wiesbaden: Gabler.

Scholz, C. (2001). Virtuelle Teams mit darwiportunistischer Tendenz: Der Dorothy-Effekt. *OrganisationsEntwicklung, 20(4)*, 20–29.

Schuler, H. (Hrsg.). (2006). *Lehrbuch der Personalpsychologie* (2. Aufl.). Göttingen: Hogrefe.

Schyns, B. & Collani, G. von (2002). Berufliche Selbstwirksamkeitserwartung (Occuaptional Self-Efficacy). In A. Glöckner-Rist (Hrsg.), *ZUMA-Informationssystem. Ein elektronisches Handbuch sozialwissenschaftlicher Erhebungsinstrumente. Version 6.* Mannheim: Zentrum für Umfragen, Methoden und Analysen.

Senge, P. M. (1990). *The fifth discipline. The art and practice of the learning organization.* New York: Doubleday.

Senge, P. M. (1999). *Die fünfte Disziplin. Kunst und Praxis der lernenden Organisation* (7. Aufl.). Stuttgart: Klett-Cotta.

Simon, H. A. (1960). *The new science of management decision.* New York: Harper.

Small, E. E. & Rentsch, J. R. (2010). (2010). Shared leadership in teams: A matter of distribution. *Journal of Personnel Psychology, 9*, 203–211.

Smith, K. K. (1982). Philosophical problems in thinking about organizational change. In Goodman, P. S., Kurke, L. B., Argyris, C., Staw, B. M. & Alderfer, C. P. (Hrsg.), *Change in organizations* (S. 316–374). San Francisco, CA: Jossey-Bass.

Solansky, S. T. (2008). Leadership style and team processes in self-managed teams. *Journal of Leadership & Organizational Studies, 14*, 332–341.

Staehle, W. (1989). *Management. Eine verhaltenswissenschaftliche Perspektive* (4. Aufl.). München: Vahlen.

Staehle, W. (1999). *Management: Eine verhaltenswissenschaftliche Perspektive* (8. Aufl.). München: Vahlen.

Stock, R. (2005). Kann Teamführung zu intensiv sein? *Zeitschrift für betriebswirtschaftliche Forschung, 57*, 33–52.

Stoller-Schai, D. (2003). *E-Collaboration: Die Gestaltung internetgestützter kollaborativer Handlungsfelder.* Saarbrücken: SVH.

Sydow, J. (1985). *Der soziotechnische Ansatz der Arbeits- und Organisationsgestaltung.* Frankfurt: Campus.

Taesler, P. & Janneck, M. (2010). Emoticons und Personenwahrnehmung: Der EInfluss von Emoticons auf die Einschätzung unbekannter Kommunikationspartner in der Online-Kommunikation. *Gruppendynamik und Organisationsberatung, 41*, 375–384.

Tannenbaum, S. I., Salas, E. & Cannon-Bowers, J. A. (1996). Promoting team effectiveness. In West, M. A. (Hrsg.), *Handbook of work group psychology* (S. 503–529). Chichester: Wiley.

Thissen, M. R., Jean, M. P., Madhavi, C. B. & Toyia, L. A. (2007). *Communication tools for distributed software development teams.* St. Louis, Missouri: ACM.

Thomas, A. (1992). *Grundriß der Sozialpsychologie. Band 2: Individuum – Gruppe – Gesellschaft.* Göttingen: Hogrefe.

Thomas, A. B. (1988). Does Leadership Make a Difference to Organizational Performance? *Administrative Science Quarterly*, 33, 388–400.

Trevino, L. K., Lengel, R. H. & Daft, R. L. (1987). Media symbolism, media richness, and media choice in organizations a symbolic interactionist perspective. *Communication Research*, *14*, 553–574.

Trist, E. L. & Bamforth. (1951). Some social and psychological consequences of the longwall method of coal-getting.

Trist, E. L., Higgin, G. W., Murray, H., & Pollock, A. B. (2013). Organizational choice. New York: Routledge (Erstveröffentlichung 1963).

Turel, O. & Zhang, Y. (2010). Does virtual team composition matter? Trait and problem-solving configuration effects on team performance. *Behaviour and Information Technology*, *29*, 363–375.

Uhl-Bien, M. & Marion, R. (2008). *Complexity Leadership*. Charlotte, NC: Information Age.

Ulich, E. (2011). *Arbeitspsychologie* (7. Aufl.). Stuttgart: Schäffer-Poeschel.

Vickers, G. (1964). The psychology of policy making and social change. *British Journal of Psychiatry*, 110, 465–477.

Wakefield, R. L., Leidner, D. E. & Garrison, G. (2008). A model of conflict, leadership, and performance in virtual teams. *Information Systems Research*, *19*, 434–455.

Wastian, M., Braumandl, I. & Rosenstiel, L. von (Hrsg.). (2012). *Angewandte Psychologie für das Projektmanagement* (2. Aufl.). Heidelberg: Springer.

Wastian, M., Braumandl, I. & Weisweiler, S. (2012). Führung in Projekten – eine prozessorientierte Zukunftsperspektive. In Grote, S. (Hrsg.), *Die Zukunft der Führung* (S. 75–102). Berlin: Springer.

Watzlawick, P., Weakland, J. H. & Fisch, R. (1974). Change: Principles of problem formation and problem solution. New York: Norton.

Wegge, J. (2004). *Führung von Arbeitsgruppen*. Göttingen: Hogrefe.

Wegge, J., Jeppesen, H.-J., Weber, W. G., Pearce, C. L., Silva, S., Pundt, A., Jonsson, T., Wolf, S., Wassenaar, C. L., Unterrainer, C. & Piecha, A. (2010). Promoting work motivation in organizations: Should employee involvement in organizational leadership become a new tool in the organizational psychologist‘s armory? *Journal of Personnel Psychology*, *9*, 154–171.

Wegge, J. & Schmidt, K. (2012). Der Projektleiter als Führungskraft. In M. Wastian, I. Braumandl, L. von Rosenstiel (Hrsg.), *Angewandte Psychologie für Projektmanager. Ein Praxisbuch für die erfolgreiche Projektleitung* (2. Aufl., S. 207–224). Berlin: Springer.

Weibler, J. (2012). *Personalführung* (2. Aufl.). München: Vahlen.

Weibler, J. & Rohn-Endres, S. (2010). Learning Conversation and Shared Network Leadership. *Journal of Personnel Psychology, 9*, 181–194.

Weick, K. E. & Quinn, R. E. (1999). Organizational change and development. *Annual Review of Psychology, 50*, 381–386.

Weinkauf, K. & Woywode, M. (2004). Erfolgsfaktoren von virtuellen Teams – Ergebnisse einer aktuellen Studie. *Zeitschrift für Betriebswirtschaftliche Forschung, 56*, 393–412.

Weitzel, W. & Jonsson, E. (1989). Decline in organizations: a literature integration and extension. *Administrative Science Quarterly, 34*, 91–109.

Wesner, M. S. (2008). Assessing training needs for virtual team collaboration. In J. E. Nemiro (Hrsg.), *The handbook of high-performance virtual teams: a toolkit for collaborating across boundaries* (S. 273–294). San Francisco: Jossey-Bass.

West, M. A. (2012). *Effective teamwork: Practical lessons from organizational research* (3. Aufl.). Chichester, UK: Wiley.

Wick, A., Dauner, B. A. & Mitschke, R. (2009). Globales Lernen in medial vermittelten Arbeitsgruppen – Kompetenzentwicklung von Führungskräften für globale Zusammenarbeit. *Zeitschrift für internationale Bildungsforschung und Entwicklungspolitik, 32(4)*, 14–18.

Witt, J. & Witt, T. (2008). *Der Kontinuierliche Verbesserungsprozess (KVP) – Konzept, System, Maßnahmen* (3. Aufl.). München: Sauer.

Wood, A. F. & Smith, M. J. (2004). *Online communication: Linking technology, identity & culture* (2. Aufl.). Mahwah, NJ: Erlbaum.

Wood, R. E., Mento, A. J. & Locke, E. A. (1987). Task complexity as a moderator of goal effects: A meta-analysis. *Journal of Applied Psychology, 72*, 416–425.

Yukl, G. (2010). *Leadership in Organizations* (7. Aufl.). Upper Saddle River, NJ: Pearson.

Zeutschel, U. & Stumpf, S. (2003). Projektgruppen. In Stumpf, S. & Thomas, A. (Hrsg.), *Teamarbeit und Teamentwicklung* (S. 431–445). Göttingen: Hogrefe.

Index